电网企业一线员工作业一本通

用电信息采集系统计量异常处理

（下册）

国网浙江省电力有限公司　组编

中国电力出版社
CHINA ELECTRIC POWER PRESS

图书在版编目（CIP）数据

电网企业一线员工作业一本通．用电信息采集系统计量异常处理：全 2 册 / 国网浙江省电力有限公司组编．—北京：中国电力出版社，2020.6（2022.3 重印）

ISBN 978-7-5198-4310-6

Ⅰ．①电… Ⅱ．①国… Ⅲ．①电力工业－职工培训－教材②用电管理－管理信息系统－故障修复－职工培训－教材 Ⅳ．① TM ② TM92

中国版本图书馆 CIP 数据核字（2020）第 024627 号

出版发行：中国电力出版社
地　　址：北京市东城区北京站西街 19 号（邮政编码 100005）
网　　址：http：//www.cepp.sgcc.com.cn
责任编辑：刘丽平　王蔓莉
责任校对：黄　蓓　郝军燕　李　楠
装帧设计：张俊霞
责任印制：石　雷

印　　刷：河北鑫彩博图印刷有限公司
版　　次：2020 年 6 月第一版
印　　次：2022 年 3 月北京第二次印刷
开　　本：787 毫米 ×1092 毫米　横 32 开本
印　　张：11.625
字　　数：251 千字
印　　数：4001—4500 册
定　　价：58.00 元（上、下册）

内容提要

本书为“电网企业一线员工作业一本通”丛书之《用电信息采集系统计量异常处理》分册，分上、下两册。上册主要介绍主站处理，包括综述篇、工单管理篇和主站分析篇，综述篇介绍术语和定义、计量异常简介和作业安全等内容；工单管理篇介绍工单处理流程、工单处理操作规范等内容；主站分析篇介绍基本操作规范和计量异常主站分析等内容。下册主要介绍现场处理，包括综述篇、基础准备篇、现场处理篇和应急篇，综述篇介绍术语和定义、计量异常分类和异常处理流程三大板块内容；基础准备篇介绍人员资质要求、个人防护要求、工器具准备、工作票和危险点预控措施等内容；现场处理篇介绍作业准备、现场工作和总结等内容；应急篇介绍计量异常运维现场可能遇到的四类典型突发事件的应对措施等内容。

本书可供电网企业从事用电信息采集系统计量异常处理人员培训和自学使用。

《电网企业一线员工作业一本通　用电信息采集系统计量异常处理》

前　言

随着电力市场化改革的逐步深化、泛在电力物联网的全面推广，电力营销工作面临新的挑战。提高电力营销一线员工作业水平，推进数据精准采集全覆盖，是提升智能量测质量的重要环节，也是加快电力“三型两网”建设的客观需要。随着科技的发展，现代计量通过智能电表、采集终端等设备，实现了各类计量数据的采集。但由于所采集的电表电压、电流、电量和电表本身问题，形成了多种计量异常。目前，各基层供电所在台区计量异常现场处理工作中，存在异常判断不够明确、问题处理流程方法不够规范等问题。

为解决计量异常的处理方式不统一、操作流程不清晰、现场作业不规范等问题，国网浙江省电力有限公司组织经验丰富的一线技术骨干，编制了《用电信息采集系统计量异常处理》一书。围绕用电信息采集系统生成的计量异常，从主站分析、远程调试、工单流转、现场处理等方面，将用电信息采集系统计量异常的相关定义术语、分析处理全过程以图文并茂的形式展现出来，对规范现场工作，开展用电信息采集系统计量异常处理工作具有较强的指导性和实用性。本书分上、下两册：上册主要介绍主站处理，包括综述篇、工单管理篇和主站分析篇；下册主要介绍现场处理，包括综述篇、基础准备篇、现场处理篇和应急篇。

本书图文并茂、有趣易学，既有清晰的流程图，又有翔实的文字说明，还配有典型案例，新员工只要按书中所述步骤去操作，就能很快掌握计量异常现场排查、处理基本技能，达到优质服务水平；老员工也可以从中获得启发，触类旁通，取得新进步。

本书在编制过程中得到了公司各级领导、相关部门和专家的大力支持，在此谨向参与本书编制、研讨、审稿、业务指导的各位领导、专家和有关单位致以诚挚的感谢！

由于编者水平有限，疏漏之处在所难免，恳请各位领导、专家和读者提出宝贵意见。

本书编写组

2019 年 12 月

目录 / Contents

上册

Part 3 主站分析篇

下册

Part 1 综述篇

Part 2 基础准备篇

Part 3 现场处理篇

Part 4 应急篇

下 册

Part 1

》综述篇

本篇主要介绍了计量异常主站处理人员日常工作所需掌握的基本知识，旨在提升相关工作人员的操作规范性，强化基础技能。

本篇分为术语和定义、计量异常分类、异常处理流程三个部分，介绍了计量异常处理工作中的基本术语、信息与操作安全要求以及计量异常的分类、现象和整体处理流程。

一 术语和定义

序号	术语	定义
1	用电信息采集系统	对电力用户的用电信息进行采集、处理和实时监控的系统。实现用电信息的自动采集、计量异常监测、电能质量检测、用电分析和管理、相关信息发布、分布式能源监控、智能用电设备的信息交互等功能
2	用电信息采集终端	对各信息采集点用电信息进行采集的设备，简称采集终端。可以实现电能表数据的采集、数据管理、数据双向传输以及转发或执行控制命令。用电信息采集终端按应用场所分为专变采集终端、集中抄表终端（包括集中器、采集器）、分布式能源监控终端等类型
3	专变采集终端	对专变用户用电信息进行采集的设备，可以实现电能表数据的采集、电能计量设备工况和供电电能质量监测，以及客户用电负荷和电能量的监控，并对采集数据进行管理和双向传输

续表

序号	术语	定　义
4	集中抄表终端	对低压用户用电信息进行采集的设备，包括集中器、采集器。集中器是指收集各采集终端或电能表的数据，并进行处理储存，同时能和主站或手持设备进行数据交换的设备。采集器是用于采集多个或单个电能表的电能信息，并可与集中器交换数据的设备。采集器依据功能可分为基本型采集器和简易型采集器。基本型采集器抄收和暂存电能表数据，并根据集中器的命令将存储的数据上传给集中器。简易型采集器直接转发集中器与电能表间的命令和数据
5	电能计量装置	包括各种类型电能表、计量用电压、电流互感器及其二次回路、电能计量柜（箱）等
6	回路状态巡检仪	用于对互感器回路状态监测的设备，实现电流回路正常连接、开路、短路等状态的监测，同时能够与主站或者手持设备进行数据交换
7	计量异常	由用电信息采集系统智能诊断生成的 7 大类 33 种计量问题的统称

二 计量异常分类

计量异常分类总览

分类	异常项
电量异常	电能表示值不平、自动核抄异常、电能表飞走、电能表倒走、电能表停走、需量异常、电量波动异常
电压电流异常	电压失压、电压断相、电压越限、电压不平衡、电流失流、电流不平衡
异常用电	电量差动异常、单相表分流、电能表开盖、恒定磁场干扰
负荷异常	需量超容、负荷超容、电流过流、负荷持续超下限、功率因数异常
时钟异常	电能表时钟异常
接线异常	反向电量异常、潮流反向、其他错接线
回路巡检仪异常	二次短路（分流）、二次开路、一次短路、短接电能表、电能表计量示值错误、回路串接半导体、磁场异常

（一）电量异常

通过采集电能表日冻结正反向有功总、需量数据诊断发现的异常，统称为电量异常，电量异常共 7 种：

序号	分类	定　义
1	电能表示值不平	电能表总电能示值与各费率电能示值之和不等
2	电能表飞走	电能表日电量显著超过正常值
3	电能表倒走	本次抄表数据与上次数据相比反而减小
4	电能表停走	实际用电情况下电能表停止走字
5	需量异常	电能表最大需量数据出现数值或时间错误
6	自动核抄异常	电能表日冻结电量数据与主站抄表数据不一致
7	电量波动异常	用户在更换计量设备前后出现平均日用电量差异很大的情况

（二）电压电流异常

通过分析诊断采集电能表电压、电流数据发现的异常，统称电压电流异常，电压电流异常共6种：

序号	分类	定　义
1	电压失压	某相负荷电流大于电能表的启动电流，但电压线路的电压持续低于电能表正常工作电压的下限
2	电压断相	在三相供电系统中，计量回路中的一相或两相断开的现象。某相出现电压低于电能表正常工作电压，同时该相负荷电流小于启动电流的工况就属于电压断相
3	电压越限	电压越上限、上上限以及电压越下限、下下限等异常现象
4	电压不平衡	三相电能表各相电压均正常（非失压、断相）的情况下，最大电压与最小电压差值超过一定比例
5	电流失流	三相电流中任一相或两相小于启动电流，且其他相电流大于 5% 额定（基本）电流
6	电流不平衡	三相三线电能表各相电流均正常（非失流）的情况下，最大电流与最小电流差值超过一定比例

（三）异常用电

诊断电能表上报的异常事件统称异常用电，异常用电共 4 种：

序号	分类	定　义
1	电能表开盖	打开电能表表盖或端钮盖时，形成相应的事件记录
2	恒定磁场干扰	三相电能表检测到外部有 100mT 以上强度的恒定磁场，且持续时间大于 5s，记录为恒定磁场干扰事件
3	电量差动异常	计量回路和比对回路（如交采回路）同时间段的电量差值超过阈值
4	单相表分流	单相表相线电流和零线电流存在差异

（四）负荷异常

诊断采集的电能表相关数据超出标准阈值统称负荷异常，负荷异常共 5 种：

序号	分类	定　义
1	需量超容	按最大需量计算基本电费的专变用户，电能表记录的最大需量超出用户合同容量
2	负荷超容	用户负荷超出合同约定容量
3	电流过流	经互感器接入的三相电能表某一相负荷电流持续超过额定电流
4	负荷持续超下限	315kVA 及以上专变用户连续多日用电负荷过小
5	功率因数异常	用户日平均功率因数过低（日平均功率因数通过用户日有功、无功电量计算得到）

（五）时钟异常

智能电能表内的时钟与标准时钟误差超过阈值统称时钟异常。

（六）接线异常

主要针对安装因素或者人为窃电行为，造成一、二次计量装接错误或者设备损坏，造成计量准确性差错的接线称为其他错接线，接线异常共 3 种：

序号	分类	定义
1	反向电量异常	非发电用户电能表反向有功总示值大于 0，且每日反向有功总示值有一定增量
2	潮流反向	三相电流或功率出现反向
3	其他错接线	由于安装质量或者人为窃电行为，造成一、二次计量装接错误或者设备损坏，影响计量准确性的错误接线

（七）回路巡检仪异常

序号	分类	定　义
1	二次短路（分流）	电流互感器二次侧发生短路 / 部分短路事件
2	二次开路	电流互感器二次回路发生开路事件
3	一次短路	电流互感器回路一次侧发生短路事件或一次绕接互感器
4	短接电能表	电能表输入端发生短路
5	电能表计量示值错误	电能表输入端发生部分短路或改变电能表内部采样电路
6	回路串接半导体	电流互感器二次侧使用半导体元件或专变用户一次侧全部整流使用
7	磁场异常	计量表计附近磁场强度明显过高

三 异常处理流程

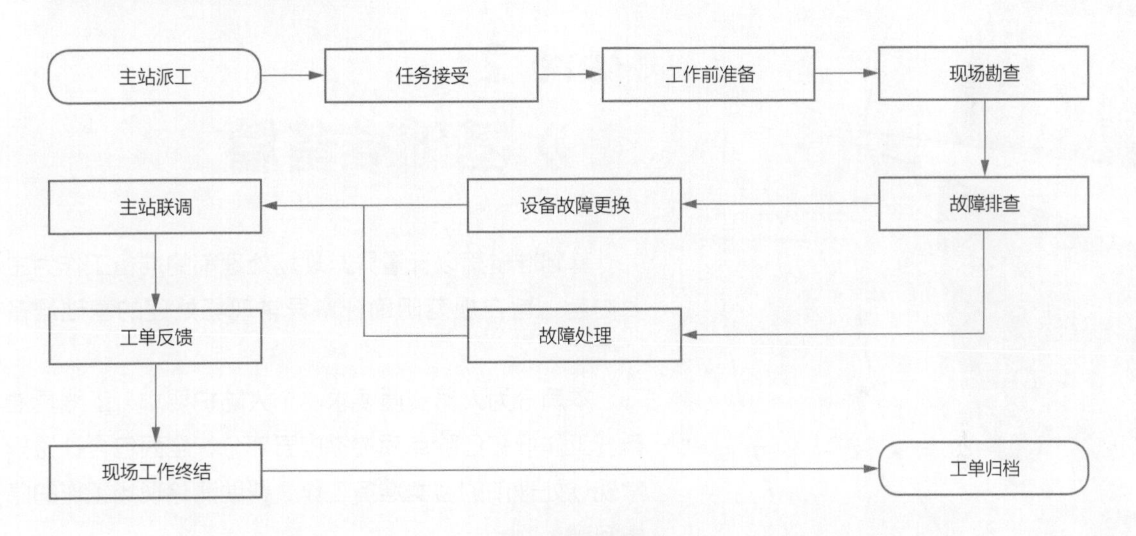

闭环处理状态流转图

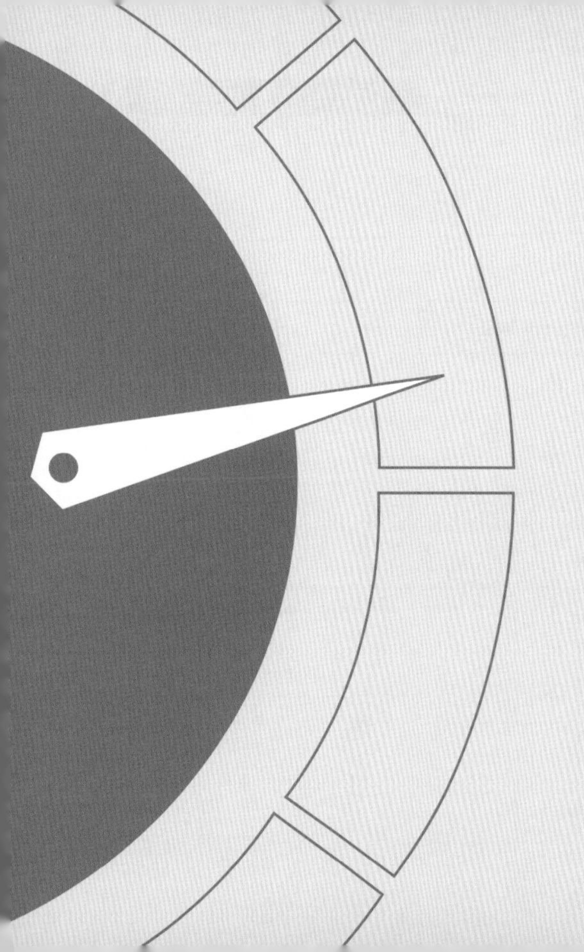

Part 2

》基础准备篇

基础准备篇以计量异常现场处理前的准备工作为主要内容，旨在规范明确计量异常现场处理的基础准备工作。

本篇分为人员资质要求、个人防护要求、工器具准备、工作票和危险点预控措施五部分，全面包含计量异常现场处理前的各类准备工作，帮助清除现场工作的隐患问题。

一 人员资质要求

一般要求

- 经医师鉴定，无妨碍工作的病症。
- 具备必要的电气知识和业务技能，并经安规考试合格。
- 具备必要的安全生产知识，学会紧急救护法，特别要学会触电急救。
- 取得特种作业操作证（电工），并在有效期内。

特殊要求

- 登高作业人员必须取得特种作业操作证（高处作业），并在有效期内。

二 个人防护要求

- 安装人员应着工作服，穿绝缘鞋，戴安全帽、护目镜、手套、佩戴工作证件。
- 保持着装整齐，正确穿戴。

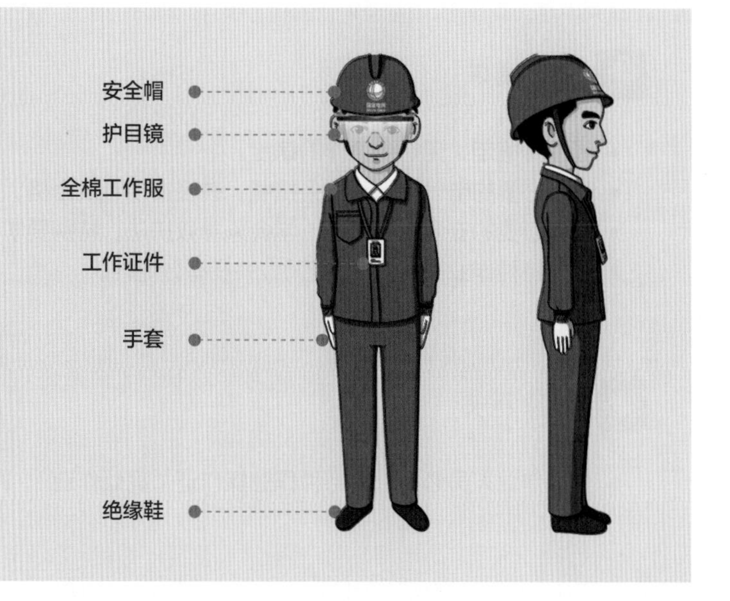

不少人对安全帽的功能和作用认识不足，使用的**自觉性不高**，主要表现在以下四个方面：

表现一　天气炎热不愿戴。

表现二　工作繁忙忘记戴。

表现三　掉以轻心厌恶戴。

表现四　护发爱镜勉强戴。

自我保护意识淡薄，还未真正做到“叫我戴，转变为我要戴”。

使用中存在的问题

不规范使用安全帽、安全带，其行为屡见不鲜，具体表现为：

不规范佩戴安全帽：

①不系扣带或者扣带不收紧；
②扣带放在脑后或帽衬内；
③将帽舌戴在脑后或两侧；
④安全帽后箍不按头型调整箍紧；
⑤把安全帽当作小板凳坐或当工具袋使用；
⑥使用损坏的或不合格的安全帽。

不规范使用安全带：

①思想上不重视安全带的作用；
②使用安全带前未对其进行检查；
③将安全带挂在移动或带尖锐棱角的物件上；
④低挂高用；
⑤安全带保护套损坏并脱落，未更换新保护套使用；
⑥擅自接长安全带。

安全帽是名副其实的“生命帽”，安全带是千真万确的“救生带”和“保险带”。因此，任何人进入电力生产、基建现场时，必须正确佩戴安全帽，在离地面 2m 及以上的高处作业人员必须正确使用安全带。

小贴士

工作服和绝缘鞋的作用

正确穿戴工作服，可协助调节体温，保护皮肤，以达到防水、防火、防毒、防热辐射等目的。穿戴工作服是否合理，直接关系着人体的健康。

绝缘鞋的作用是使人体与地面绝缘，防止电流通过人体与大地之间构成通路，对人体造成电击伤害，把触电时的危险降低到最低程度。

因为触电时电流是经接触点通过人体流入地面的，绝缘鞋还能防止试验电压范围内的跨步电压对人体的危害，所以电气作业时不仅要戴绝缘手套，还要穿绝缘鞋。

理想的绝缘鞋具有绝缘、防静电、耐油、防砸、防穿刺、防滑、耐磨损等功能。

正确穿戴工作服

高温环境下工作时，接触热辐射量大，因此，在高温条件下工作时穿着的工作服应尽量采用厚而软的布料。另外，高温下工作出汗多，有些人喜欢上身赤膊，这样会导致热辐射灼伤皮肤，使皮肤热而干，降低散热功能，还容易使身体受伤。因此高温下工作不但应该穿工作服，而且应当穿比较厚的长袖衣服和长裤。作业人员应按以下要求穿戴工作服：

选择的工作服要大小适中，适合自己的身材。

裤子要系皮带，裤门扣子要扣好，裤脚平踝关节下 2cm，不能太长，裤脚不能在地上拖，也不能太短，不能裸露腿部皮肤。

衣服穿戴要整齐，胸扣要扣好，袖扣要扣紧，不能裸露手臂；领口要整齐，必须翻下，不可卷起或竖起，并将领口扣扣紧。

穿戴工作服时，应注意以下两个方面问题：

第一，要用中性洗涤剂经常清洗，保持清洁卫生。

第二，要经常检查，确保工作服的完整性，纽扣牢靠完好，保证正常使用。

三 工器具准备

（一）安全工器具

处理计量异常时应根据需要携带验电笔、接地线、安全围栏、警示带、梯子、低压绝缘手套等安全工器具。安全工器具必须试验合格，并在有效期内。

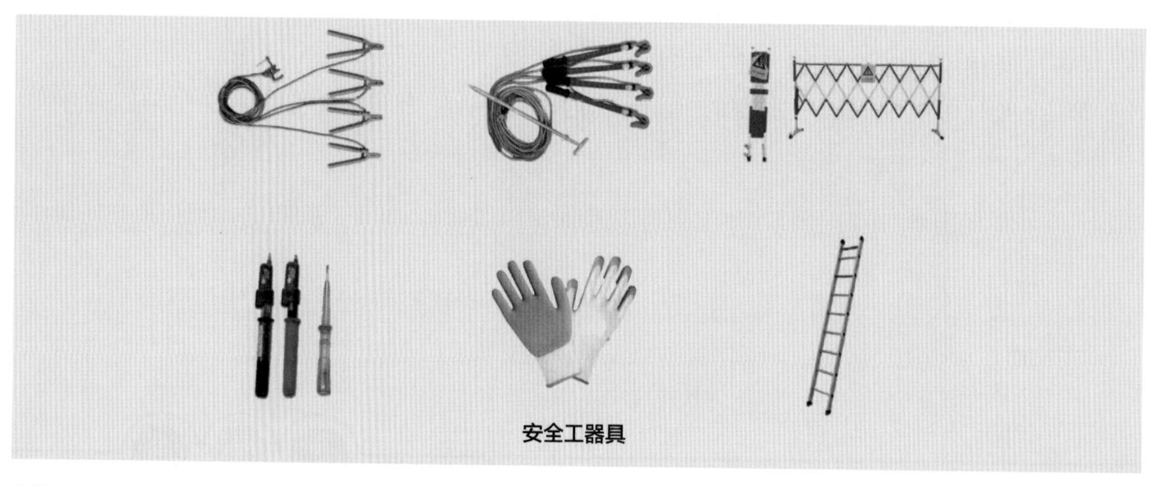

安全工器具

（二）常用设备

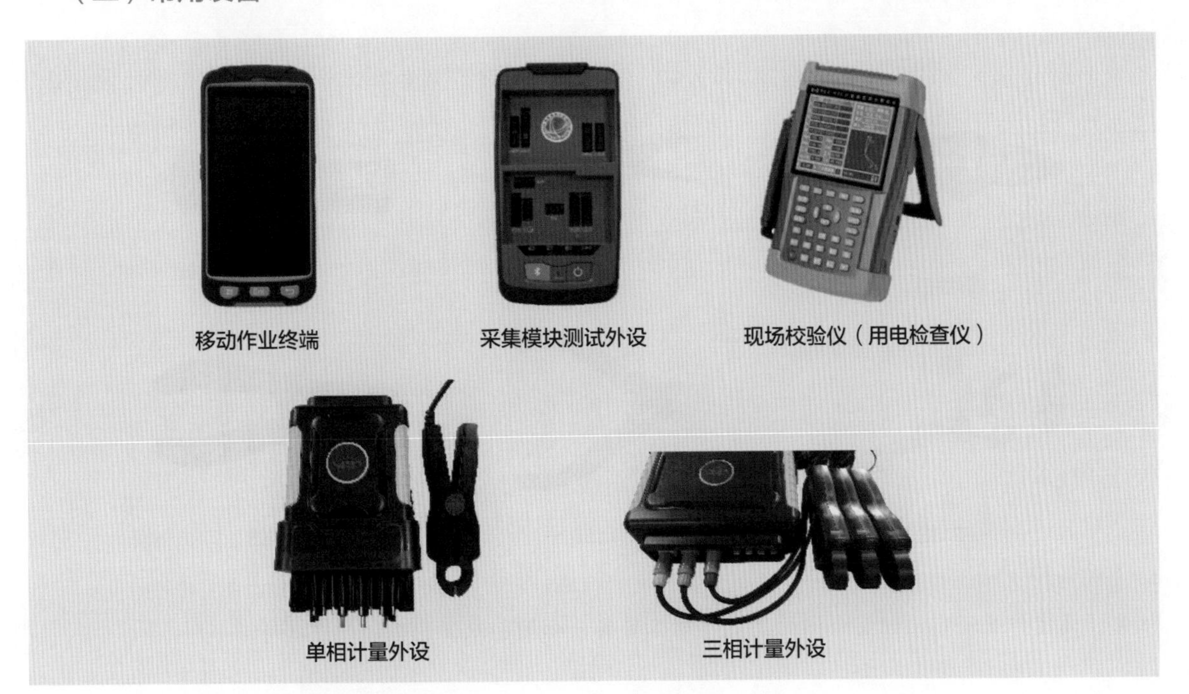

移动作业终端

采集模块测试外设

现场校验仪（用电检查仪）

单相计量外设

三相计量外设

（三）常用工具

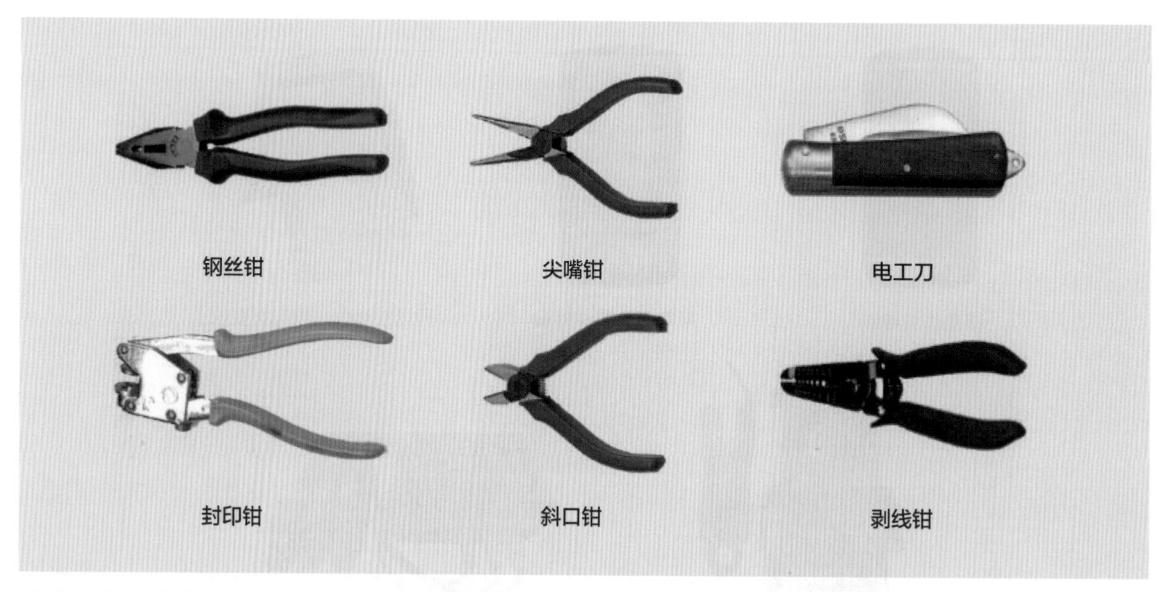

注意：高空作业还需要配置合格的高处作业工器具，如脚扣或登高板、绝缘梯等。

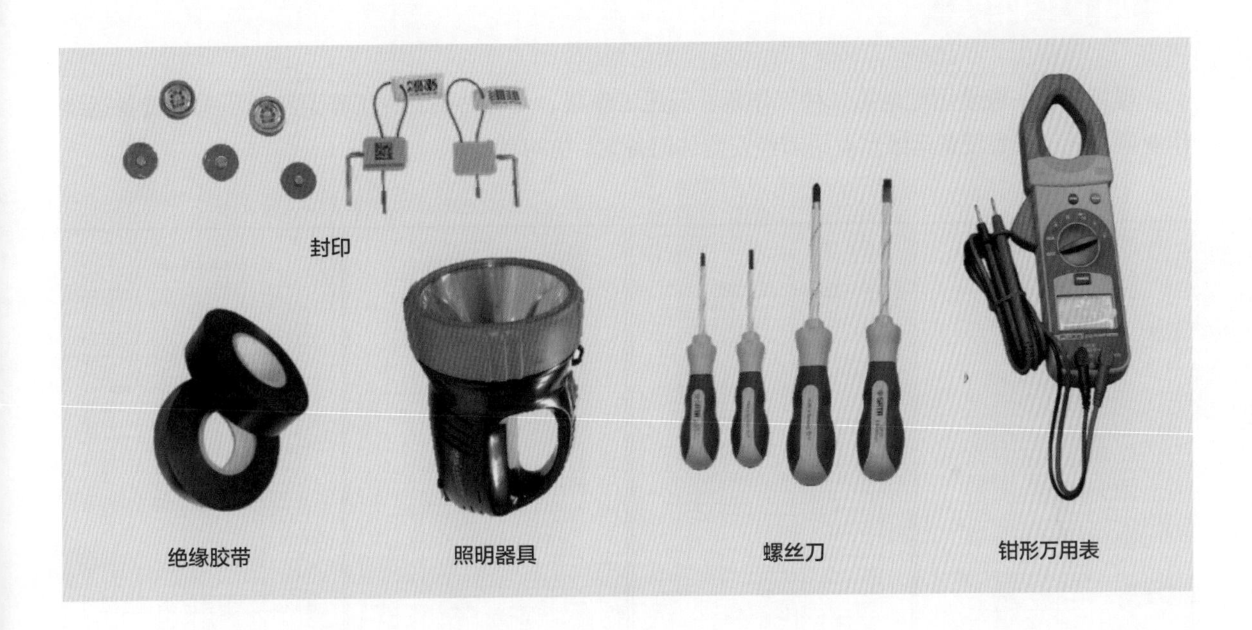
封印
绝缘胶带
照明器具
螺丝刀
钳形万用表

四 工作票

现场作业一般使用配电第二种工作票、低压工作票、变电站第二种工作票和低压采集设备运维作业票（低压采集设备运维作业票需经安监部门备案后方可使用）。

配电第二种工作票

[illegible]

配电第二种工作票

低压工作票

[illegible]

低压工作票

变电站（发电厂）第二种工作票

[illegible]

变电站第二种工作票

低压采集设备运维作业票

No.

[illegible]

低压采集设备运维作业票

五 危险点预控措施

序号	危险点	预控措施
1	高空坠落	• 检查杆根、基础和拉线是否牢固； • 检查登高工具、设施（如脚扣、登高板、安全带、梯子、防坠器等）是否完整牢固； • 杆上作业时安全带必须系在电杆或牢固的铁件上； • 使用梯子登高作业时，梯子应坚固完整，有防滑措施。梯子的支柱应能承受作业人员及所携带的工具、材料攀登时的总重量。硬质梯子的横挡应嵌在支柱上，梯阶的距离不应大于 40cm，并在距梯顶 1m 处设限高标志；使用单梯工作时，梯子与地面的斜角度约为 60° ，并有专人扶持。梯子不得绑接使用；人字梯应有限制开度的措施，人在梯子上时，禁止移动梯子
2	高空坠物	• 应在作业现场装设临时遮栏，与工作无关人员禁止进入工作现场； • 所有工作人员必须正确佩戴安全帽；传递东西应使用绳索，严禁上下抛物，杆上作业应正确使用工具袋

续表

序号	危险点	预控措施
3	触电	• 工作人员应正确使用合格的安全绝缘工器具和个人劳动防护用品； • 电源盘应具备漏电保护装置，使用前应检查漏电保护开关动作是否正常； • 验电工作要使用合格、相应电压等级的验电器，验电时应由两人进行，一人验电，一人监护，采用“三步”验电法进行验电； • 装设接地线，先接接地端，后接导线端，拆除接地线顺序与装设相反； • 现场作业时，施工人员应与带电设备保持足够的安全距离； • 有新能源（光伏、风电等）上网点的工作，要充分做好防止倒送电的安全措施
4	场地安全	• 作业场所所有的沟、孔、洞均应采取防护措施，防止作业人员踏空受伤
5	交通安全	• 施工车辆及乘车人认真遵守交通法规和乘车规定； • 在公路、街道施工时需注意行人、车辆，必要时设专人看护

Part 3

》现场处理篇

现场处理篇以计量异常现场处理的作业流程为主要内容，旨在帮助计量异常现场处理工作人员快速提高业务水平。

本篇分为作业准备、现场工作和总结三部分，介绍了现场处理的行前准备工作，并明确了计量异常现场处理的工作步骤，为计量异常现场处理工作人员提供作业参考。

一 作业准备

（一）预约

流程：致电客户 → 自我介绍 → 说明原因 → 预约时间 → 通话记录 → 结束

◎ **要点：**

☆ 使用文明礼貌用语，通常情况下应讲普通话。

☆ 语速适中、语意明确、语气柔和。

☆ 准确告知作业内容，预约作业时间，确认客户能否到场等事项。

☆ 客户挂机后再挂断电话。

☆ 联系客户最好是在工作时间以内。

☆ 做好通话记录。

（二）派工

根据预约情况，填写现场作业任务单并派工。

◉ **要点：**

☆ 工作人员不得少于两人，并指定一人担任工作负责人。

☆ 工作人员应具备相应资格和技能要求。

☆ 工作人员应身体健康、精神状态良好。

☆ 工作人员个人工具和劳动防护用品应合格、齐全。

（三）开具工作票

签发流程

开具：工作票签发人或工作负责人依据工作任务开具相应的工作票。

签发：工作票签发人办理工作票签发手续。

1. 配电第二种工作票

适用范围：

配电第二种工作票适用于不需停电的10（20）kV开关站、10（20）kV供电用户内开展计量装置异常处理工作。

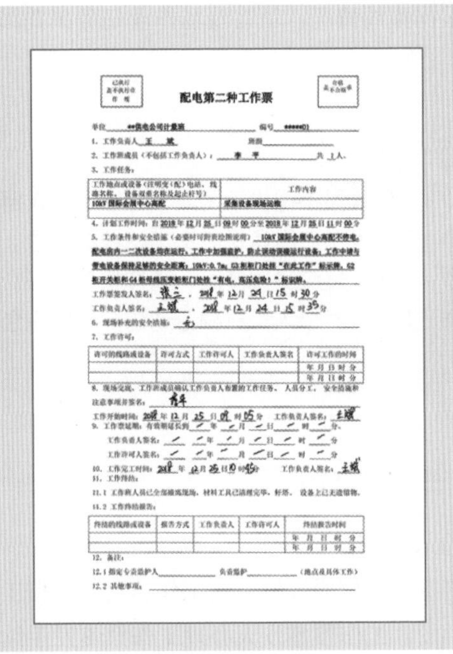

已执行
盖不执行章
作废

合格
盖不合格章

配电第二种工作票

单位 **供电公司计量班　编号 *****01

1. 工作负责人 王 斌　班组____

2. 工作班成员（不包括工作负责人）：李 平　共 1 人。

3. 工作任务：

工作地点或设备（注明变（配）电站、线路名称、设备双重名称及起止杆号）	工作内容
10kV 国际会展中心高配	采集设备现场运维

4. 计划工作时间：自 2018 年 12 月 25 日 09 时 00 分至 2018 年 12 月 25 日 11 时 00 分

5. 工作条件和安全措施（必要时可附页绘图说明）：10kV 国际会展中心高配不停电。配电房内一二次设备均在运行，工作中加强监护，防止误动误碰运行设备；工作中与带电设备保持足够的安全距离：10kV:0.7m；G3 柜柜门处挂"在此工作"标示牌，G2 柜开关柜和 G4 柜母线压变柜柜门处挂"有电，高压危险！"标识牌。

工作票签发人签名：张三，2018 年 12 月 24 日 15 时 30 分

工作负责人签名：王斌，2018 年 12 月 24 日 15 时 35 分

6. 现场补充的安全措施：无

7. 工作许可：

许可的线路或设备	许可方式	工作许可人	工作负责人签名	许可工作的时间
				年 月 日 时 分
				年 月 日 时 分

8. 现场交底，工作班成员确认工作负责人布置的工作任务、人员分工、安全措施和注意事项并签名：李平

工作开始时间：2018 年 12 月 25 日 09 时 05 分　工作负责人签名：王斌

9. 工作票延期：有效期延长到 / 年 / 月 / 日 / 时 / 分。

工作负责人签名：/ / 年 / 月 / 日 / 时 / 分

工作许可人签名：/ / 年 / 月 / 日 / 时 / 分

10. 工作完工时间：2018 年 12 月 25 日 10 时 45 分　工作负责人签名：王斌

11. 工作终结：

11.1 工作班人员已全部撤离现场，材料工具已清理完毕，杆塔、设备上已无遗留物。

11.2 工作终结报告：

终结的线路或设备	报告方式	工作负责人	工作许可人	终结报告时间
				年 月 日 时 分
				年 月 日 时 分

12. 备注：

12.1 指定专责监护人____负责监护____（地点及具体工作）

12.2 其他事项：____

2．低压工作票

适用范围：

低压工作票适用于有电气连接的低压供电计量装置的异常处理。

低 压 工 作 票

单位：桃源供电所　　　　编号：NHTYGDS-DY-2015-01-002

1．工作负责人：张三　　　　班组：线路运检班

2．工作班成员（不包括工作负责人）：陈XX、任XX　　　　共 2 人

3．工作的线路名称或设备双重名称（多回路应注明双重称号及方位）、工作任务：

0.4kV 培训村 1#变 01 线 07#杆 XXX 用户（13777XXXX）安装单相表箱、表计、水泥铁 1 付带附件安装，并架落户线（BLV-1×16）10 米 1 档。

4．计划工作时间：自 2015 年 01 月 22 日 08 时 30 分 至 2015 年 01 月 22 日 11 时 30 分

5．安全措施（必要时可附页绘图说明）：

5.1 工作的条件和应采取的安全措施（停电、接地、隔离和装设的安全遮栏、围栏、标示牌等）：

①交待 0.4kV 培训村 1#变 01 线带电、临时电源带电；②在 01 线 07#杆搭火时设专人监护，并通知对侧人员，先接零线，后接火线，拆线与此相反，做好防止相间短路的安全措施。

5.2 保留的带电部位：

①0.4kV 培训村 1#变 01 线带电；②临时电源。

5.3 其他安全措施和注意事项：

①登杆前应核对线路名称、杆号；②上下梯子作业，下方必须有人扶持；③高处作业传递工具、材料时，应使用绳索传递，严禁抛掷物件，以防高空落物伤人；④杆上作业时，安全带应系在牢固的构件上，移位时不得失去安全保护。

工作票签发人签名：王二，＿＿＿　2015 年 01 月 21 日 14 时 30 分

工作负责人签名：张三　2015 年 01 月 21 日 14 时 39 分收到工作票

6．工作许可：

6.1 现场补充的安全措施：

6.2 确认本工作票安全措施正确完备，许可工作开始：

许可方式：电话许可　　许可工作时间：2015 年 01 月 22 日 08 时 18 分

工作许可人签名：赵XX　　工作负责人签名：张三

7．工作班成员确认工作负责人布置的工作任务、人员分工、安全措施和注意事项并签名：

[illegible]

8．工作票终结：

工作班现场所装设接地线共 0 组、个人保安线共 0 组已全部拆除，工作班人员已全部撤离现场，工具、材料已清理完毕，杆塔、设备上已无遗留物。

工作负责人签名：张三　　工作许可人签名：赵XX

工作终结时间：2015 年 01 月 22 日 11 时 24 分

9．备注：

3．变电站第二种工作票

适用范围：

变电站第二种工作票适用于以下两种情况：①不需停电的 35kV 及以上变电站、开关站、高供高计用户内开展计量装置异常处理工作；②不需停电的 35kV 及以上变电站内 10（20）kV 及以下的配电设施工作。

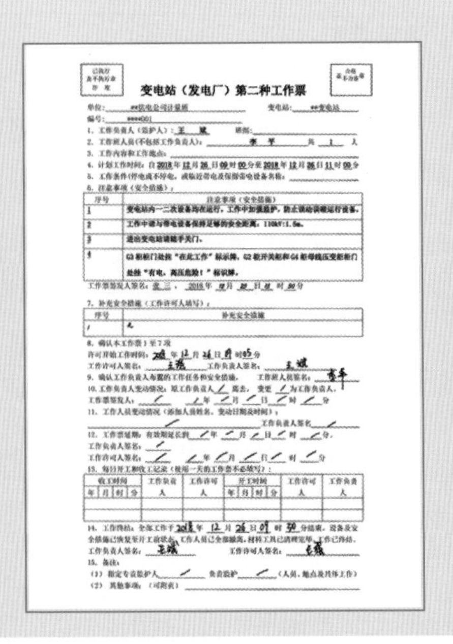

变电站（发电厂）第二种工作票

单位：**供电公司计量班　　变电站：**变电站

编号：****001

1. 工作负责人（监护人）：王 斌　　班组：

2. 工作班人员（不包括工作负责人）：李 平　共 1 人

3. 工作内容和工作地点：

4. 计划工作时间：自 2018 年 12 月 26 日 09 时 00 分至 2018 年 12 月 26 日 11 时 00 分

5. 工作条件（停电或不停电，或临近带电及保留带电设备名称：

6. 注意事项（安全措施）：

序号	注意事项（安全措施）
1	变电站内一二次设备均在运行，工作中加强监护，防止误动误碰运行设备。
2	工作中须与带电设备保持足够的安全距离：110kV:1.5m。
3	进出变电站请随手关门。
4	G3 柜柜门处挂“在此工作”标示牌，G2 柜开关柜和 G4 柜母线压变柜柜门处挂“有电，高压危险！”标识牌。

工作票签发人签名：张三，2018 年 [illegible] 月 [illegible] 日 [illegible] 时 [illegible] 分

7. 补充安全措施（工作许可人填写）：

序号	补充安全措施
/	无

8. 确认本工作票 1 至 7 项

许可开始工作时间：[illegible] 年 12 月 26 日 [illegible] 时 05 分

工作许可人签名：[illegible]　工作负责人签名：王斌

9. 确认工作负责人布置的工作任务和安全措施。　工作班人员签名：李平

10. 工作负责人变动情况：原工作负责人 / 离去，变更 / 为工作负责人。

工作票签发人：/ / 年 / 月 / 日 / 时 / 分

11. 工作人员变动情况（添加人员姓名、变动日期及时间）：

/ 工作负责人签名 /

12. 工作票延期：有效期延长到 / 年 / 月 / 日 / 时 / 分。

工作负责人签名：/

工作许可人签名：/ / 年 / 月 / 日 / 时 / 分

13. 每日开工和收工记录（使用一天的工作票不必填写）：

收工时间				工作负责人	工作许可人	开工时间				工作许可人	工作负责人
年	月	时	分			年	月	时	分		

14. 工作终结：全部工作于 2018 年 12 月 26 日 [illegible] 时 30 分结束，设备及安全措施已恢复至开工前状态，工作人员已全部撤离，材料工具已清理完毕，工作已终结。

工作负责人签名：王斌　工作许可人签名：[illegible]

15. 备注：

（1）指定专责监护人 / 负责监护 /（人员、地点及具体工作）

（2）其他事项：（可附页）

4．低压采集设备运维作业票

适用范围：

低压采集设备运维作业票适用于低压供电用户计量异常批量处理工作。

注：低压采集设备运维作业票需经安监部门备案后方可使用。

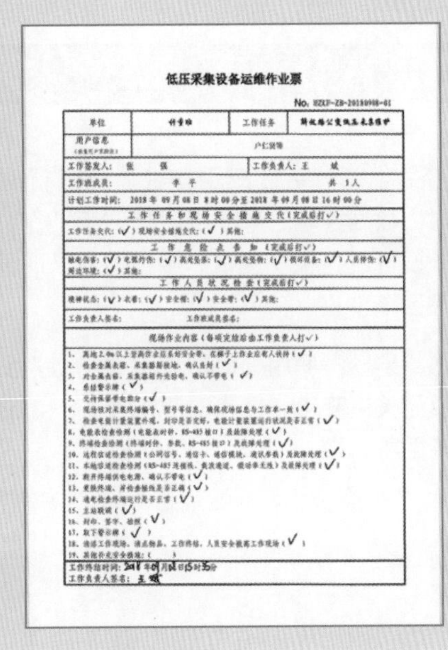

低压采集设备运维作业票

No. HZKF-ZB-20180908-01

单位	计量班	工作任务	[illegible]
用户信息（[illegible]）	[illegible]		
工作签发人：张 强		工作负责人：王 斌	
工作班成员：李 平　　共 1人			
计划工作时间：2018年09月08日8时00分至2018年09月08日16时00分			
工作任务和现场安全措施交代（完成后打✓）			
工作任务交代：（✓）现场安全措施交代：（✓）其他：			
工作危险点告知（完成后打✓）			
触电伤害：（✓）电弧灼伤：（✓）高处坠落：（✓）高处坠物：（✓）损坏设备：（✓）人员摔伤：（✓）周边环境：（✓）其他：			
工作人员状况检查（完成后打✓）			
精神状态：（✓）衣着：（✓）安全帽：（✓）安全带：（✓）其他：			
工作负责人签名：　　工作班成员签名：			
现场作业内容（每项完毕后由工作负责人打✓）			

1. 离地2.0m以上登高作业应系好安全带，在梯子上作业应有人扶持（✓）
2. 检查金属表箱、采集器箱接地，确认良好（✓）
3. 对金属表箱、采集器箱外壳验电，确认不带电（✓）
4. 悬挂警示牌（✓）
5. 交待保留带电部分（✓）
6. 现场核对采集终端编号、型号等信息，确保现场信息与工作单一致（✓）
7. 检查电能计量装置外观，封印是否完好，电能计量装置运行状况是否正常（✓）
8. 电能表检查检测（电能表时钟、RS-485接口）及故障处理（✓）
9. 终端检查检测（终端时钟、参数、RS-485接口）及故障处理（✓）
10. 远程信道检查检测（公网信号、通信卡、通信模块、通讯参数）及故障处理（✓）
11. 本地信道检查检测（RS-485连接线、载波通道、微功率无线）及故障处理（✓）
12. 断开终端供电电源，确认不带电（✓）
13. 更换终端，并检查接线是否正确（✓）
14. 通电检查终端运行是否正常（✓）
15. 主站联调（✓）
16. 封印、签字、拍照（✓）
17. 取下警示牌（✓）
18. 清扫工作现场，清点物品，工作终结，人员安全撤离工作现场（✓）
19. 其他补充安全措施：（　　）

工作终结时间：2018年09月[illegible]日15时35分

工作负责人签名：王斌

（四）常用设备

1. 移动作业终端（PDA）

仪器使用贴士

- 常用功能：结合应用软件，可进行时钟校对、数据读取、485 端口测试等工作；配合外设可进行模块测试、接线检查、现场校验等工作。
- 注意事项：使用前应检查电池电量，使用后及时关机充电；携带时应注意防护，防止屏幕损坏。

2. 采集模块测试外设

仪器使用贴士

- 常用功能：载波基表测试、各类载波模块测试；SIM 卡测试。
- 注意事项：测试时需接入 220V 电源，通过蓝牙与移动作业终端（PDA）连接后方可测试。

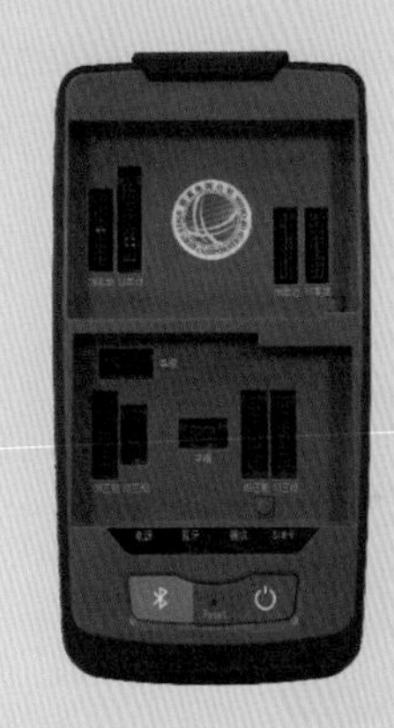

3. 单相计量外设

仪器使用贴士

- 常用功能：单相电能表接线检查、现场校验。
- 注意事项：通过蓝牙与移动作业终端（PDA）连接后方可测试；安装时先安装底座，再接入钳形电流钳，拆除时相反；移动时必须手持电流钳本体，严禁手拎电流钳导线。

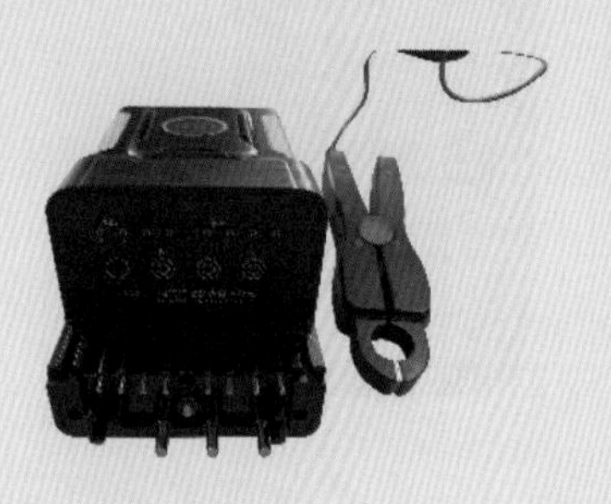

单相计量外设安装方法：

①拧开接线盒螺丝

②拆下接线盒盖板

③拆除 485 接线并绝缘

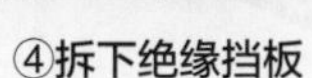

④拆下绝缘挡板

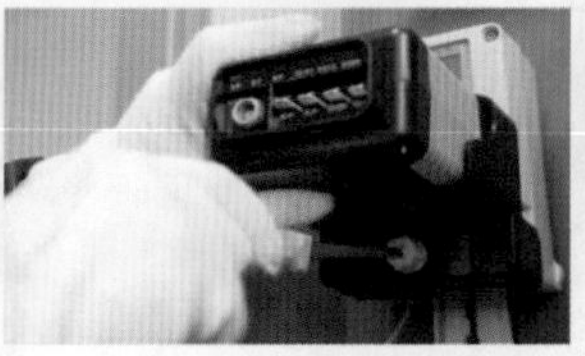

⑤安装单相计量外设

⑥电流钳接线端子插入

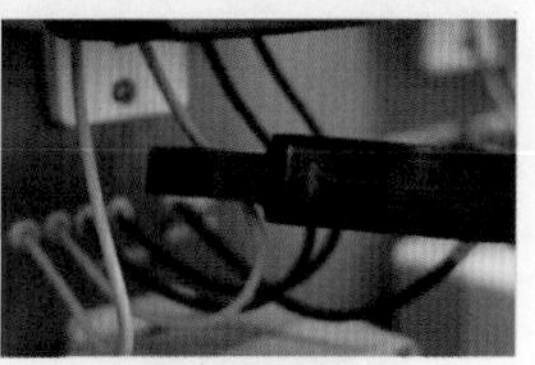

⑦接入电流钳

注：单相计量外设电流钳应接在“相线电流出”端钮。

4. 三相计量外设

仪器使用贴士

- 常用功能：三相电能表接线检查、现场校验。
- 注意事项：通过蓝牙与移动作业终端（PDA）连接后方可测试；安装时先安装底座，再接入钳形电流钳，拆除时相反；移动时必须手持电流钳本体，严禁手拎电流钳导线。

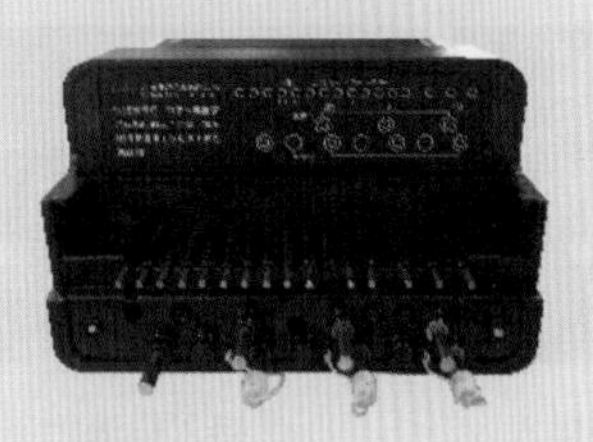

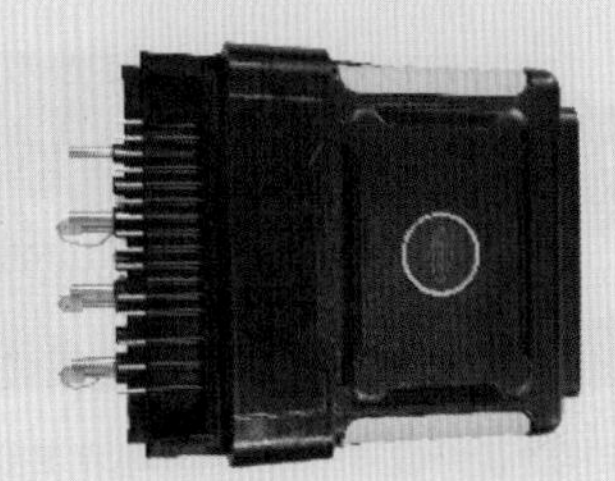

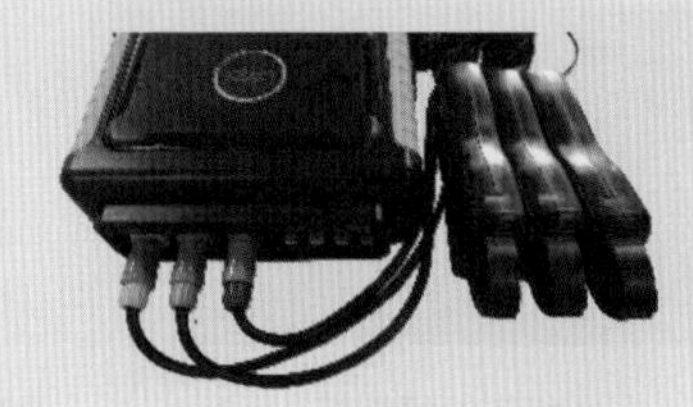

三相计量外设安装步骤：

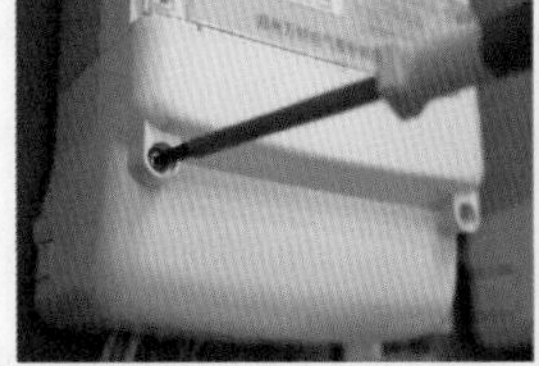

①拧开接线盒螺丝

②拆除 485 接线

③ 485 线绝缘

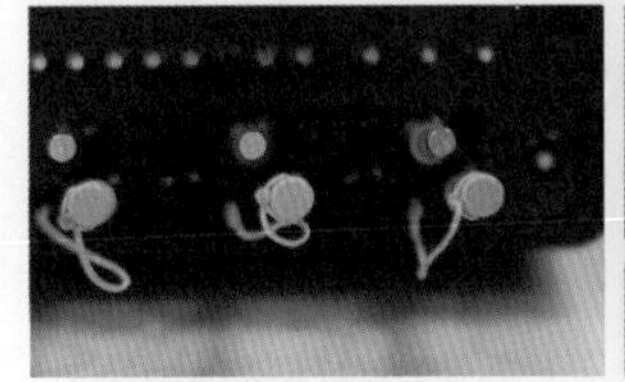

④选择电压端子
（互感器式或直接式）

⑤安装三相计量外设

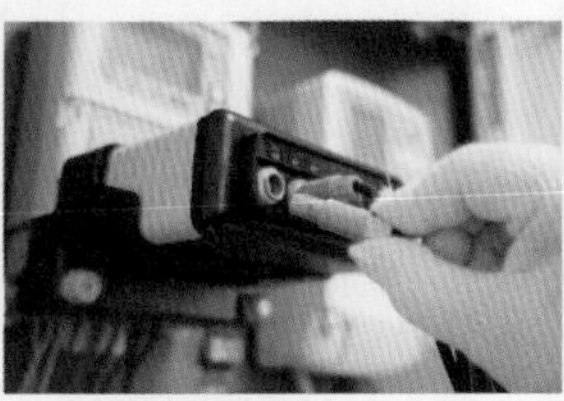

⑥电流钳接线端子插入

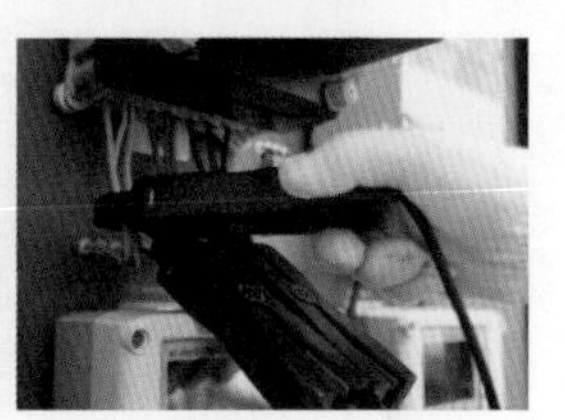

⑦接入电流钳

注意：直接式电能表电流钳应接在“相线电流出”端钮。

5. 现场校验仪（用电检查仪）

仪器使用贴士

- 常用功能：电能表接线检查、现场校验。
- 注意事项：移动时必须手持电流钳本体，严禁手拎电流钳导线。

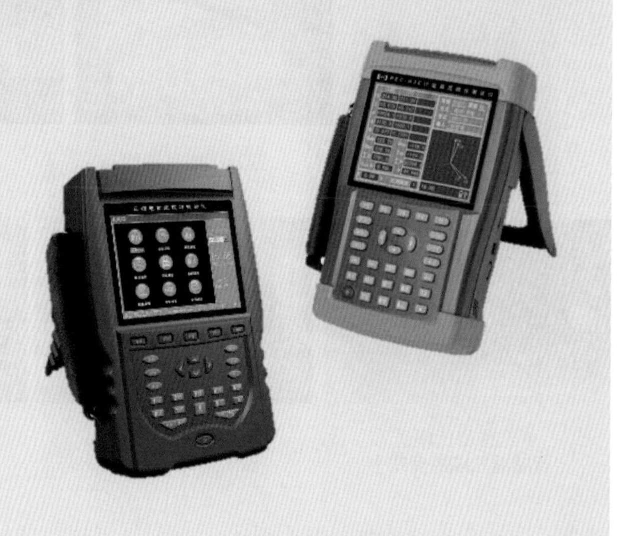

现场校验仪安装步骤：

安装方法

①拧开接线盒螺丝

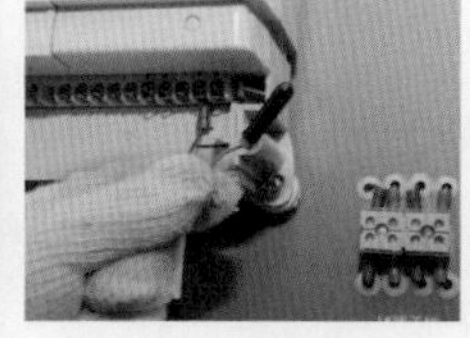

②拆除 485 接线并绝缘

③拆下绝缘挡板

④接入电压接线

⑤接入电流钳

⑥接入脉冲测试端子

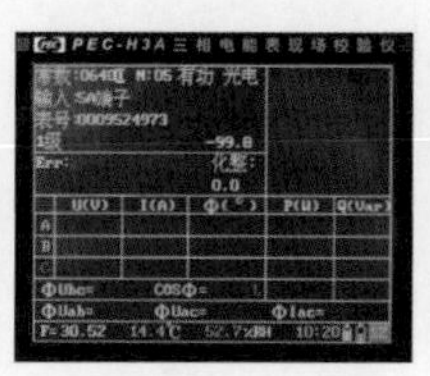

⑦设置脉冲常数

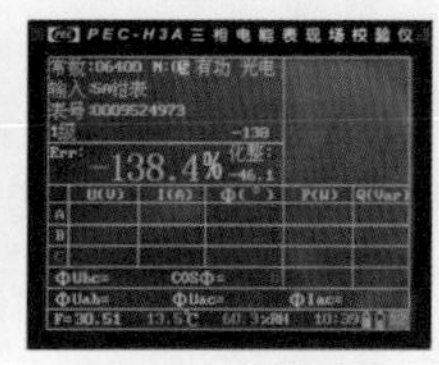

⑧设置校验脉冲数

⑨启动校验

注意：直接式电能表电流钳应接在“相线电流出”端钮。

二 现场工作

（一）履行工作票手续

1. 办理工作票许可手续

工作内容

☆ 工作负责人检查工作票所列安全措施是否正确完备，是否符合现场实际条件。

☆ 正确执行工作票所列安全措施。

☆ 由许可人确认现场安全措施正确实施，许可开始现场作业。

☆ 作业前，工作负责人应召开现场站班会。

注意事项

☆ 严禁未经许可开始工作。

☆ 一张工作票中，工作许可人与工作负责人不得相互兼任。

2. 现场站班会

工作内容

☆ 检查工作班成员着装是否整齐、规范，安全帽佩戴是否正确。

☆ 交代工作任务、工作地点，明确工作班成员分工。

☆ 告知危险点并交代安全措施和技术措施。

☆ 工作班成员在工作票上签字确认。

注意事项

☆ 严禁无票作业和未经现场安全技术交底施工。

☆ 对计量柜体验电，严格执行三步验电法。

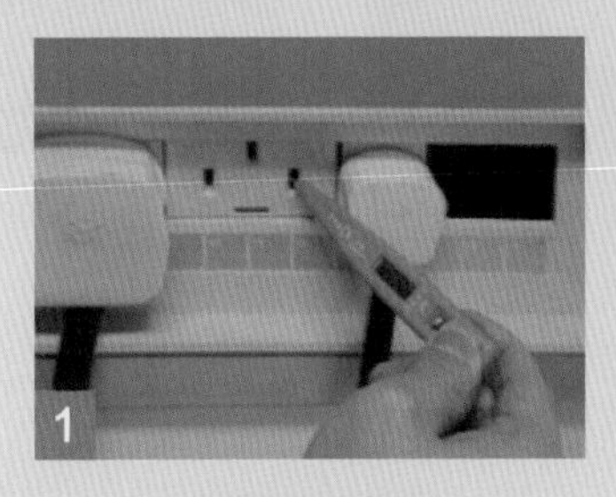

确认验电笔完好

确认柜体不带电

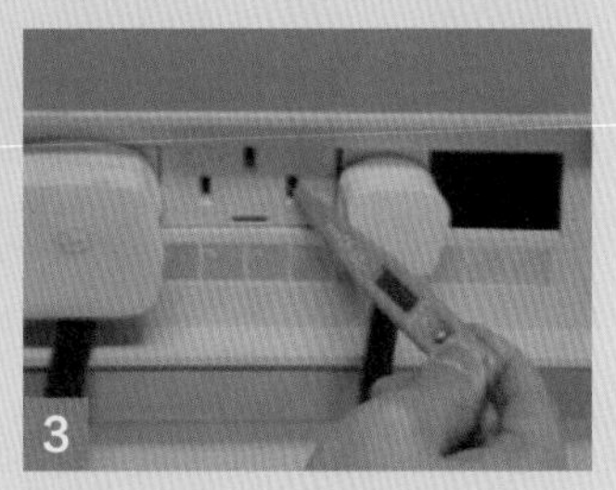

再次确认验电笔完好

（二）异常现场处理

1. 电能异常类

1.1 电能表示值不平

◎ **异常定义：**电能表总电能示值与各费率电能示值之和不等。

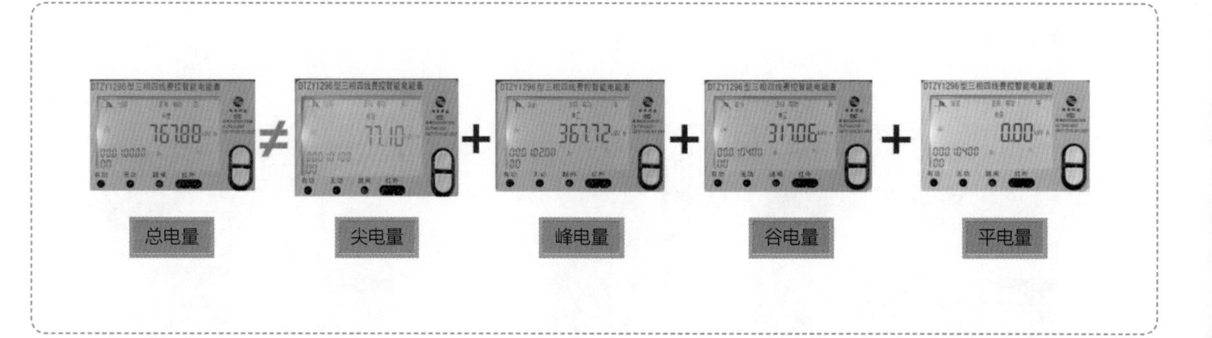

◎ 处理步骤：

步骤一　查看工单

查看移动作业终端（PDA）工单。

步骤二　外观检查

（1）检查计量装置封印是否完好，如封印被破坏，现场拍照取证；

（2）检查电能表外壳及端子是否存在过热引起的变色、变形，发现上述情况结合测试结果，判断电能表是否因过载损坏。

步骤三 移动作业终端读取冻结数据

（1）通过移动作业终端读取电能表总电能示值以及各费率电能示值；

（2）如电能表总电能示值与各费率电能示值之和的偏差在阈值内，判断为误报；

（3）如电能表总电能示值与各费率电能示值之和的偏差大于阈值，判断为电能表故障。

电能表示值正常

电能表示值不平

步骤四 工单反馈

根据检测结果进行反馈：

（1）电能表示数正常，则选择“主站异常”后提交工单；

（2）电能表示数异常，则选择“表计故障”“转设备更换”后提交工单。

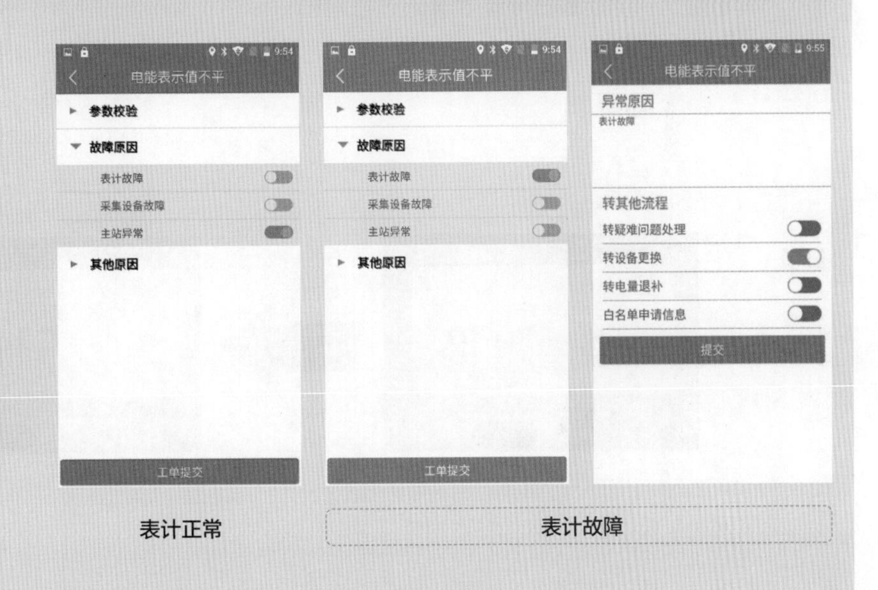

表计正常　　表计故障

1.2 电能表飞走

◎ **异常定义**：电能表日电量显著超过正常值。

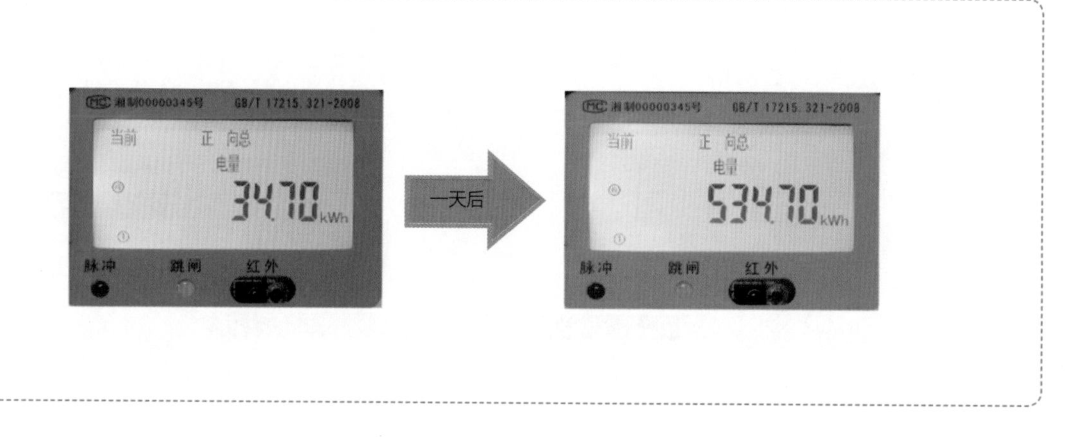

◎ 处理步骤：

步骤一　查看工单

查看移动作业终端（PDA）工单。

9:56
电能表飞走
异常类型：电能表飞走
异常等级：一般
工单编号：33P4190108403986
终端资产：4130009900009902246624
逻辑地址：9902_24662
电表资产：4130001992018270016680
用户编号：33301015364
用户名称：台区1-4号用户
台区1-4号用户
派工人员：FZG01
派工时间：19-01-08 09:58:28
工单处理

步骤二　外观检查及启封

（1）检查计量装置封印是否完好，如封印被破坏，现场拍照取证；

（2）检查电能表外壳及端子是否存在过热引起的变色、变形，结合外设检测结果，判断电能表是否因过载损坏；

（3）开启计量装置相关封印，做好现场测量准备。

步骤三　移动作业终端外设测试

（1）接入相应外设，注意电流钳位置及方向，直接式电能表应接在“电流出”端钮；

（2）启动外设，对电能表进行检测。

启动外设

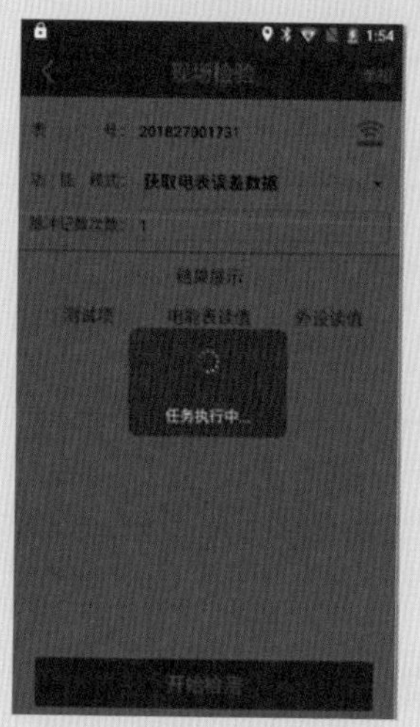

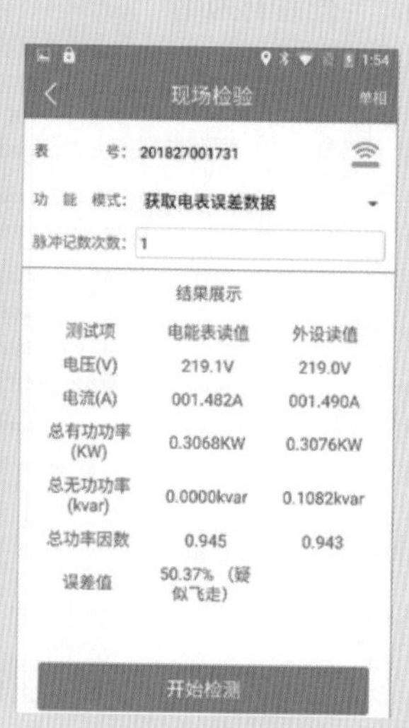

步骤三 移动作业终端外设测试

（3）如测试结果不合格，判断为电能表故障；

（4）如测试结果合格，读取日冻结电量存在突变，判断为电能表故障，否则判断为误报；

（5）拆除测试接线，再次检查接线正确性，对计量装置施封。

注意事项：如测试发现实际负荷确超出正常负荷（见判断条件），现场确认用户用电设备情况，对超容用电的填写用电检查单，并由用户签字确认。

步骤四 现场校验仪测试

（1）接入相应现场校验仪，接入时注意电流钳位置及方向，直接式电能表应接在“电流出”端钮；

（2）启动现场校验仪，设置电能表脉冲常数、校验脉冲数，开始校验；

（3）如测试结果合格，判断为误报；如测试结果不合格，判断为电能表故障。

注意：步骤三、四根据仪器配置情况选择其中一种。

步骤五　工单反馈

移动作业终端内根据检测结果进行反馈：

（1）电能表计量正常，则选择“误报”后提交工单；

（2）电能表计量故障，则选择“表计故障”“转设备更换”后提交工单。

表计正常

表计故障

1.3 电能表倒走

◎ **异常定义**：本次抄表数据与上次数据相比反而减小。

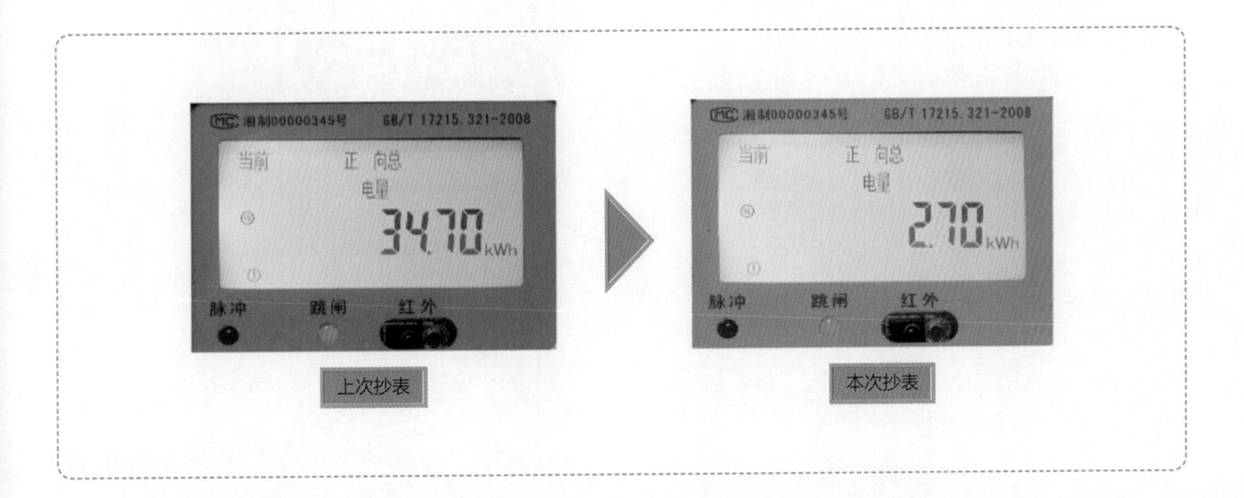

◎ 处理步骤：

步骤一　查看工单

查看移动作业终端（PDA）工单。

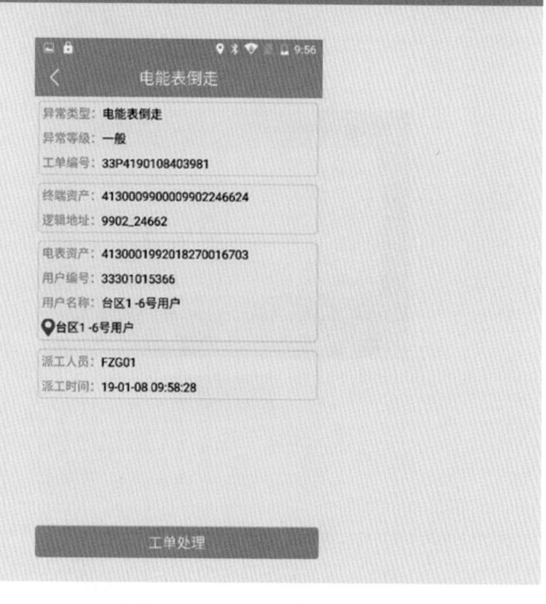

步骤二　现场观测

（1）检查计量装置封印是否完好，如封印被破坏，现场拍照取证；

（2）观察电能表外壳及端子是否存在过热引起的变色、变形，发现上述情况结合测试结果，判断电能表是否因过载损坏；

（3）观察电能表时钟，如存在较大的（超过 24h）时钟误差，则可能是时钟偏差造成的电能表倒走，现场通过移动作业终端完成对时。

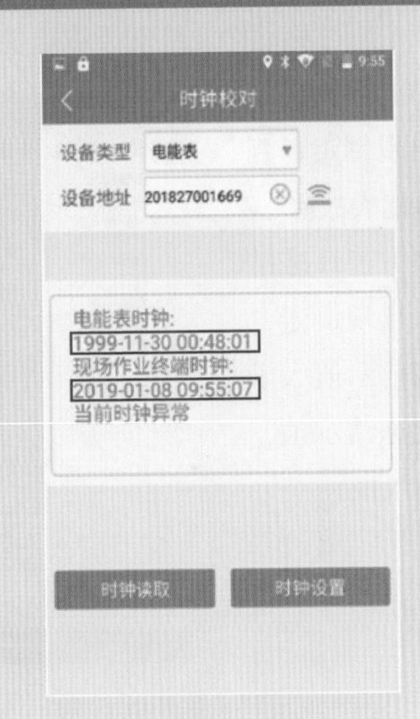

步骤三　数据核对

（1）核对现场电能表当前示数与采集系统数据是否匹配，判断采集设备是否存在故障；

（2）通过移动作业终端读取电能表异常前后日冻结电量；

（3）若日冻结电量出现倒走，判断为电能表故障；

（4）若日冻结电量未出现倒走，并且当前示值大于当日的冻结示值，判断为误报。

步骤四　工单反馈

移动作业终端内根据检测结果进行反馈：

（1）电能表计量正常，则选择“采集设备故障”后提交工单；

（2）电能表计量故障，则选择“表计故障”“转设备更换”后提交工单。

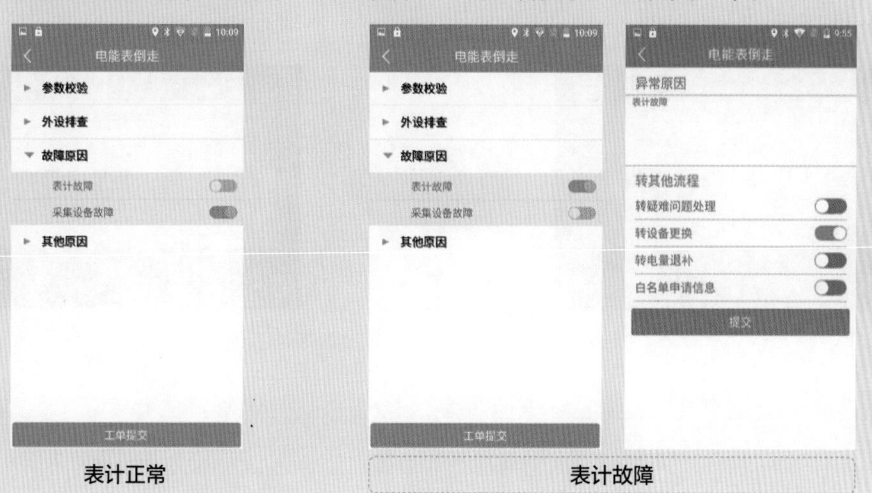

表计正常　　表计故障

1.4 电能表停走

◎ **异常定义：** 实际用电情况下电能表停止走字。

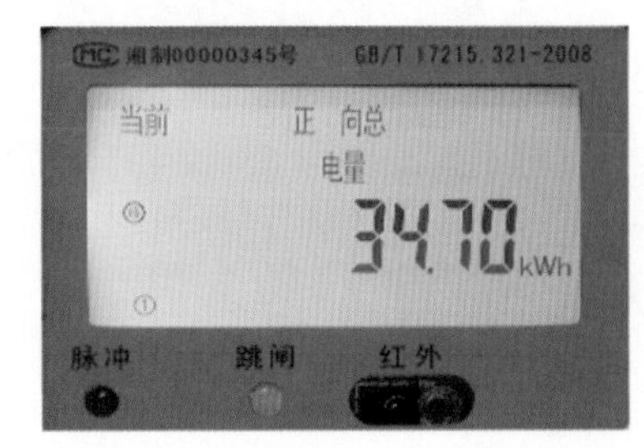

◎ 处理步骤：

步骤一 查看工单

查看移动作业终端（PDA）工单。

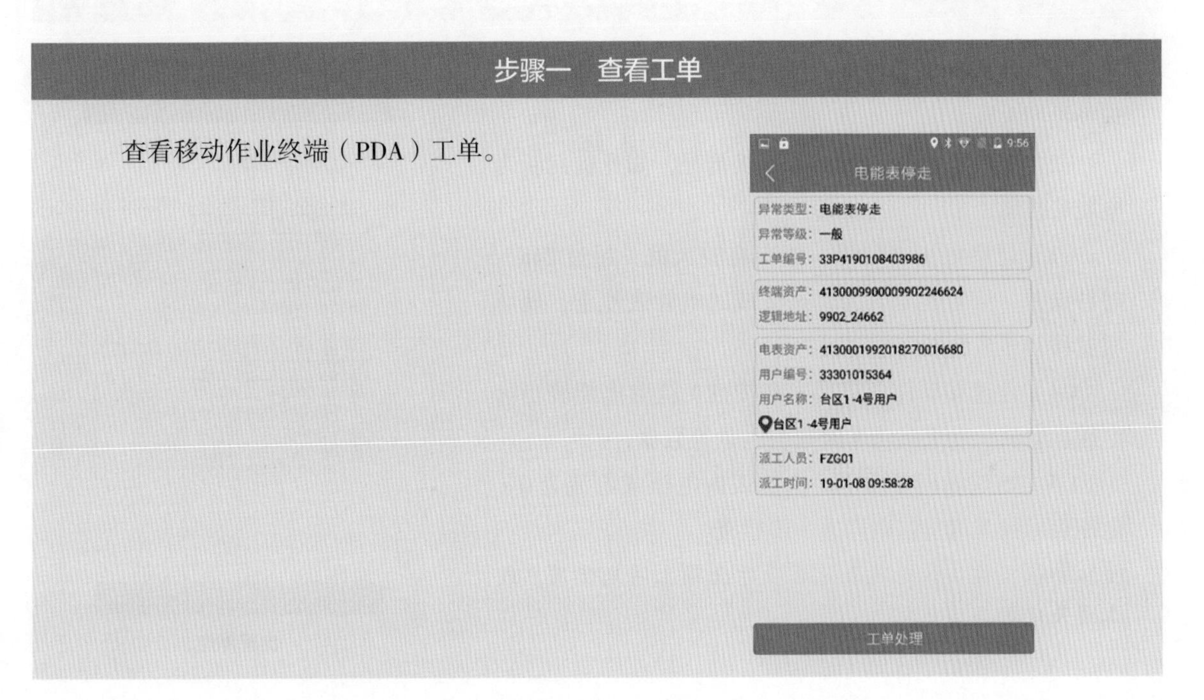

步骤二　现场观测

（1）检查计量装置封印是否完好，如封印被破坏，现场拍照取证；

（2）观察电能表是否存在死机情况，如死机判断为电能表故障；

（3）观察电能表时钟，如存在较大的（超过 24h）时钟误差，则可能是时钟偏差造成的电能表停走，现场通过移动作业终端完成对时；

（4）通过移动作业终端（或按键）读取电能表当前电压、电流、功率、功率因数、电量等数据；

（5）如现场正常用电，电能表内电压或电流为 0、电能表示数无增量，则需进一步检查。

注意事项：核实该电能表是否属于全额上网光伏用户或上网关口表。

出现停走

步骤三　启封及检查

（1）检查电能表外壳及端子是否存在过热引起的变色、变形，发现上述情况结合测试结果，判断电能表是否因过载损坏；

（2）开启计量装置相关封印，检查电能表电压及电流回路有无接线错误，如存在接线错误，则通过移动作业终端现场拍照取证，并恢复正确接线，按照退补规则进行退补。

步骤四　移动作业终端外设测试

（1）接入相应外设，注意电流钳位置及方向，直接式电能表应接在“相线电流出”，防止接在“相线电流进”引入附加误差；

（2）启动外设，对电能表进行检测；

（3）如测试结果合格，判断为误报；

（4）如测试结果不合格，判断为电能表故障；

（5）拆除测试接线，再次检查接线正确性，对计量装置施封。

步骤四　移动作业终端外设测试

启动外设

现场校验

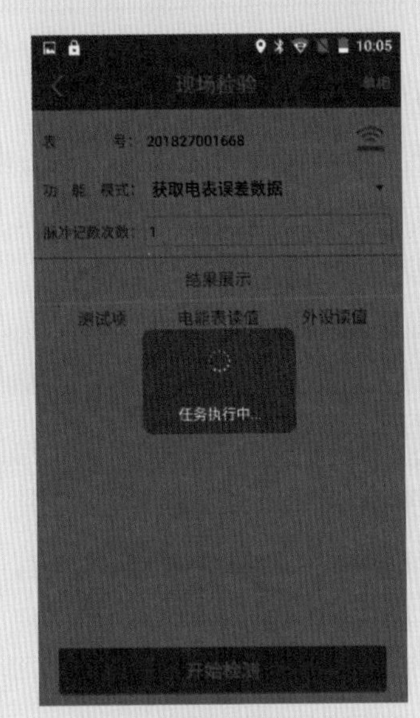

任务执行

步骤五　现场校验仪测试

（1）接入现场校验仪，接入时应注意电流钳位置及方向：直接式电能表应接在“相线电流出”端钮，防止接在“相线电流进”端钮引入附加误差；

（2）启动现场校验仪，设置电能表脉冲常数、校验脉冲数，开始校验；

（3）如测试结果合格，判断为误报；

（4）如测试结果不合格，判断为电能表故障。

注意：步骤四、五根据仪器配置情况选择其中一种。

步骤六　工单反馈

移动作业终端内根据检测结果进行反馈：

（1）电能表计量正常，则选择“误报”后提交工单；

（2）电能表计量故障，则选择“表计故障”“转设备更换”后提交工单。

表计正常

表计故障

1.5 需量异常

◎ **异常定义：**电能表最大需量数据出现数值或时间错误。

最大需量数值错误

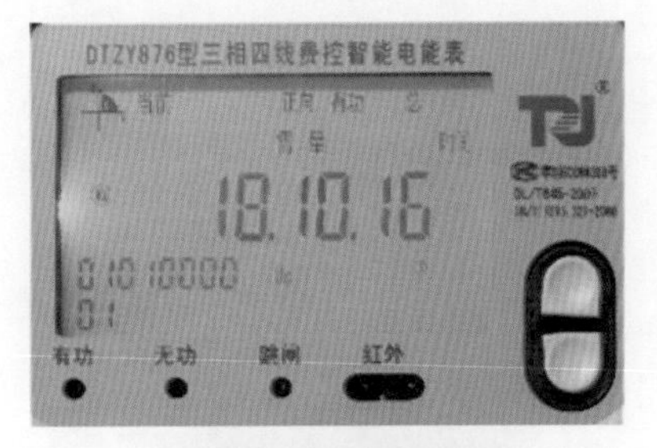

最大需量时间错误
（当前时间：2018.12.15）

◎ **处理步骤**：

步骤一　查看工单

查看移动作业终端（PDA）工单。

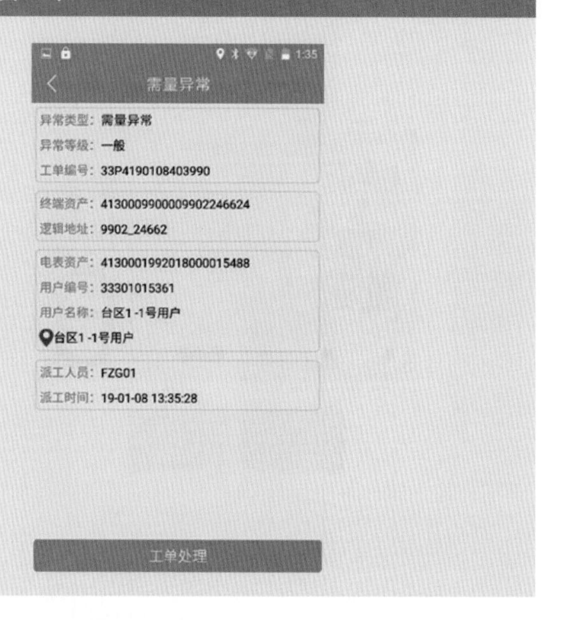

步骤二　现场观测

（1）检查计量装置封印是否完好，如封印被破坏，现场拍照取证；

（2）观察电能表时钟，如存在时钟误差，则可能是时钟偏差造成的电能表需量冻结日期误差，现场通过移动作业终端完成对时；

（3）通过移动作业终端（或按键）读取电能表最大需量、最大需量时间、需量冻结日期等数据进行核对；

（4）如电能表需量转存日期与档案不符，则需更换电能表。

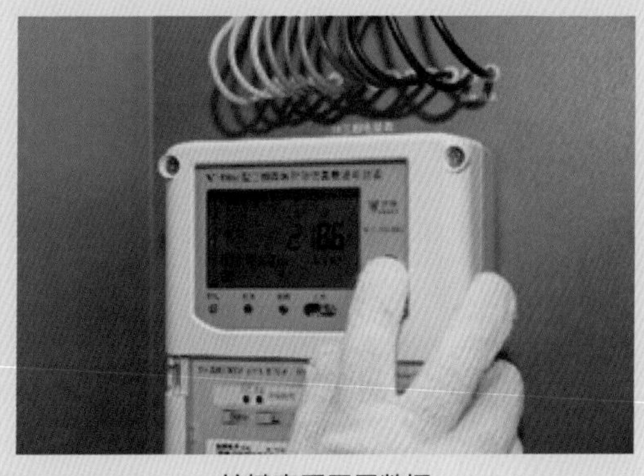

按键查看需量数据

步骤三　工单反馈

移动作业终端内根据检测结果进行反馈：

（1）电能表计量正常，则选择“误报”后提交工单；

（2）电能表计量故障，则选择“表计故障”“转设备更换”后提交工单。

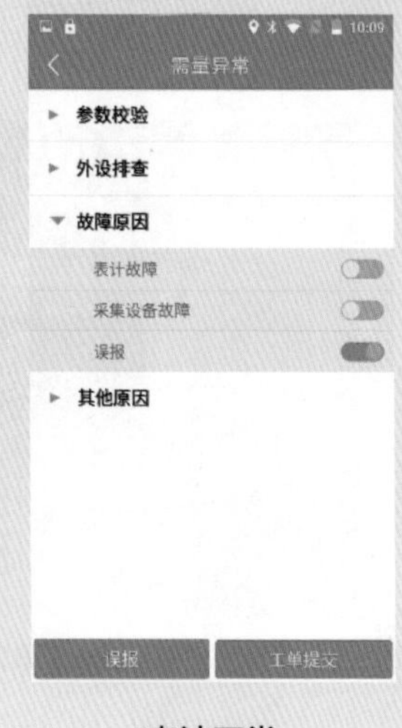

表计正常

10:09
需量异常
参数校验
外设排查
故障原因
表计故障
采集设备故障
误报
其他原因
误报
工单提交

表计故障

1.6 自动核抄异常

◎ **异常定义：** 电能表日冻结电量数据与主站抄表数据不一致。

日期	局号(终端/表计)	正向有功...	←尖	←峰	←平	←谷
2018-11-21	3330001000100...	750.12	75.77	360.72	0	313.62

系统冻结数据

数据项名称	值
日冻结正向有功总电能	761.88
日冻结正向有功电能费率1	77.10
日冻结正向有功电能费率2	367.72
日冻结正向有功电能费率3	0.00
日冻结正向有功电能费率4	317.06

召测日冻结数据

◎ **处理步骤：**

步骤一　查看工单

查看移动作业终端（PDA）工单。

步骤二　现场观测

（1）检查计量装置封印是否完好，如封印被破坏，现场拍照取证；

（2）观察电能表时钟，如存在时钟误差，则可能是时钟偏差造成的电能表日冻结电量错误，现场通过移动作业终端完成对时；

（3）观察集中器时钟，如存在时钟误差，则可能是时钟偏差造成的电能表日冻结电量错误，现场通过移动作业终端完成对时；

（4）如电能表当前示值小于当日冻结电量，判断为电能表故障；

（5）如电能表日冻结电量与主站数据一致，当前示值大于或等于当日冻结电量，判断为误报。

示值核查

步骤三　工单反馈

移动作业终端内根据检测结果进行反馈：

（1）电能表计量正常，则选择“误报”后提交工单；

（2）电能表计量故障，则选择“表计故障”“转设备更换”后提交工单。

表计正常

表计故障

1.7 电量波动异常

◎ 异常定义：用户在更换计量设备前后出现平均日用电量差异很大的情况。

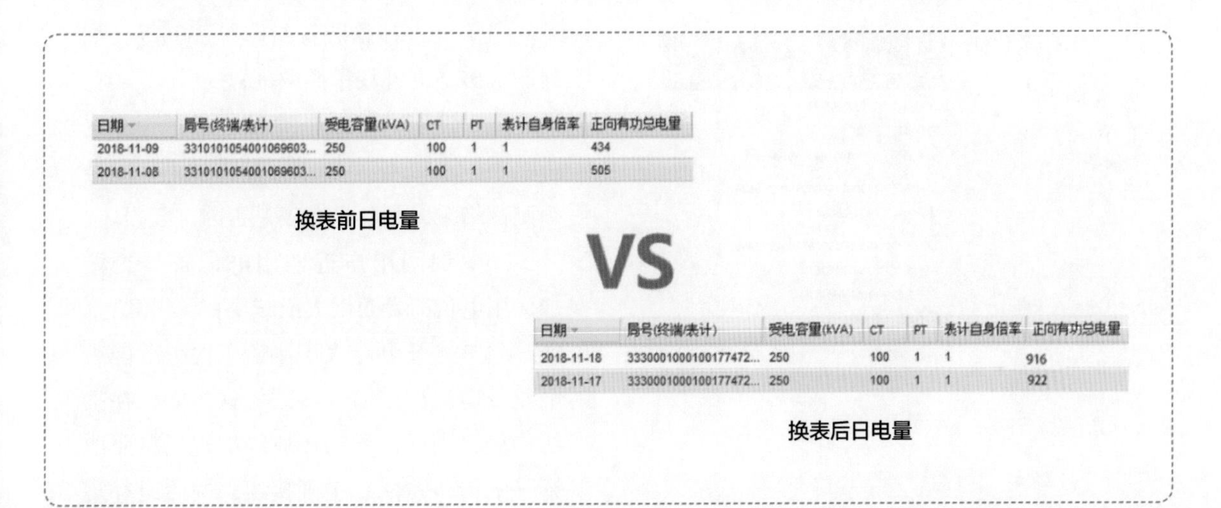

日期	局号(终端/表计)	受电容量(kVA)	CT	PT	表计自身倍率	正向有功总电量
2018-11-09	3310101054001069603...	250	100	1	1	434
2018-11-08	3310101054001069603...	250	100	1	1	505

换表前日电量

VS

日期	局号(终端/表计)	受电容量(kVA)	CT	PT	表计自身倍率	正向有功总电量
2018-11-18	3330001000100177472...	250	100	1	1	916
2018-11-17	3330001000100177472...	250	100	1	1	922

换表后日电量

◎ 处理步骤：

步骤一　查看工单

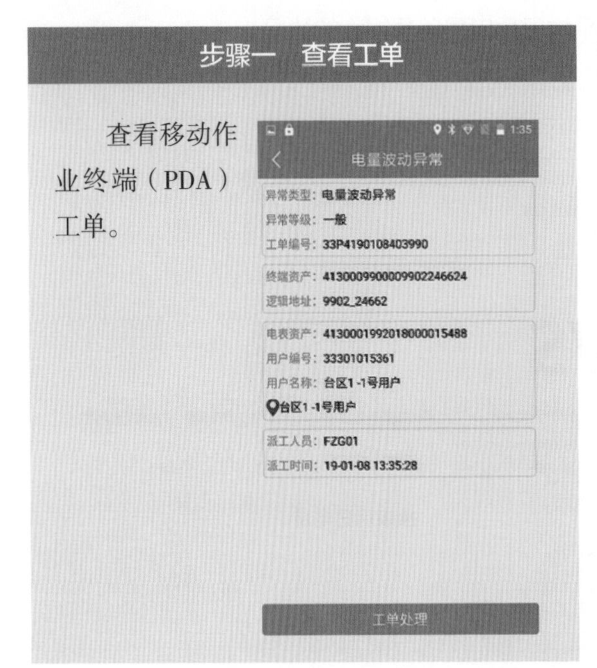

查看移动作业终端（PDA）工单。

步骤二　启封及检查

（1）检查计量装置封印是否完好，如封印被破坏，现场拍照取证；

（2）注意电能表外壳及端子是否存在过热引起的变色、变形，发现上述情况结合测试结果，判断电能表是否因过载损坏；

（3）询问用户近期用电设备是否增加、用电负荷是否增大或减小；

（4）打开电能表表尾盖，检查电能表电压及电流回路有无接线错误，如存在接线错误，则通过移动作业终端现场拍照取证、上传，并恢复正确接线，按照退补规则进行退补。

步骤三　移动作业终端外设测试

（1）接入相应外设，应注意电流钳位置及方向：直接式电能表应接在“相线电流出”，防止接在“相线电流进”引入附加误差；

（2）启动外设，对电能表进行检测；

（3）如测试结果合格，判断为误报；

（4）如测试结果不合格，判断为电能表故障；

（5）拆除测试接线，再次检查接线正确性，对计量装置施封；

注意事项：如测试发现实际负荷确超出正常负荷（见判断条件），现场确认用户用电设备情况，对超容用电的填写“用电检查单”并由用户签字确认。

（6）检查计量装置接线是否错误。

步骤三 移动作业终端外设测试
启动外设
电量波动异常
参数校验
外设排查
现场校验
故障原因
其他原因
误报
工单提交
现场检验
单相
表 号：201827001668
功 能 模式：获取电表误差数据
脉冲记数次数：1
结果展示
测试项
电能表读值
外设读值
开始检测
表 号：201827001731
任务执行中...
电压(V)
219.1V
219.0V
电流(A)
001.482A
001.490A
总有功功率(KW)
0.3068KW
0.3076KW
总无功功率(kvar)
0.0000kvar
0.1082kvar
总功率因数
0.945
0.943
误差值
50.37%（疑似飞走）

步骤四　现场校验仪

（1）接入相应现场校验仪，接入时应注意电流钳位置及方向：直接式电能表应接在“相线电流出”，防止接在“相线电流进”引入附加误差；

（2）启动现场校验仪，设置电能表脉冲常数、校验脉冲数，开始校验；

（3）如测试结果合格，判断为误报；如测试结果不合格，判断为电能表故障；

（4）使用现场校验仪检查接线是否错误。

注意：步骤四、五根据仪器配置情况选择其中一种。

步骤五　工单反馈

移动作业终端内根据检测结果进行反馈：

（1）电能表计量正常，则选择“误报”后提交工单；

（2）电能表计量故障，则选择“表计故障”“转设备更换”后提交工单；

表计正常

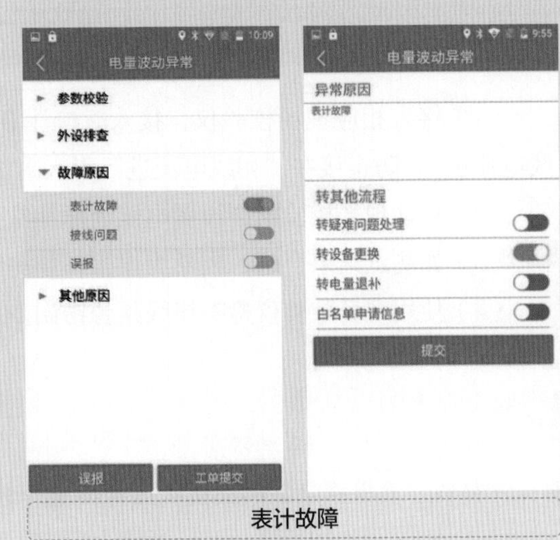

表计故障

步骤五 工单反馈

（3）接线错误，则选择“接线问题”“转电量退补”后提交工单。

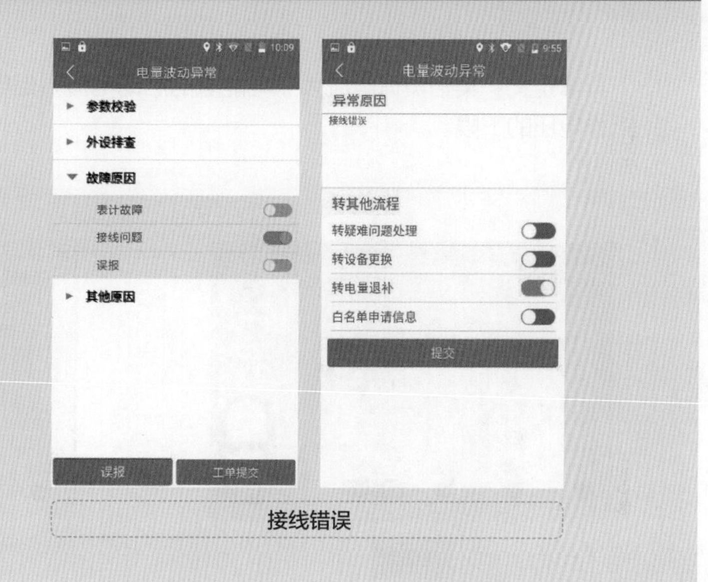

接线错误

2. 电压电流异常类

2.1 电压失压

◎ **异常定义：**某相负荷电流大于电能表的启动电流，但电压线路的电压持续低于电能表正常工作电压的下限。

电流值

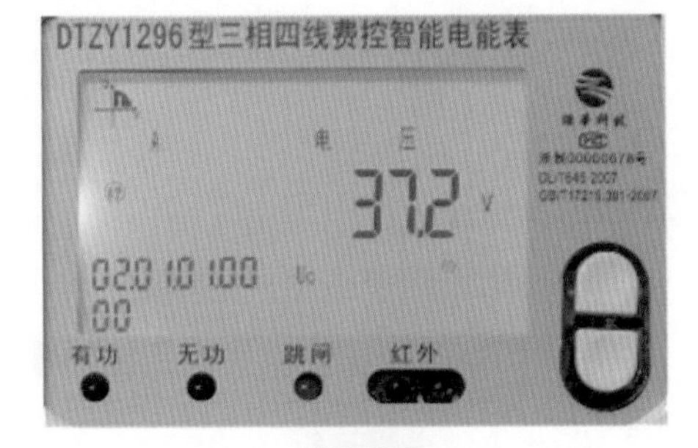

电压值

◎ 处理步骤：

步骤一 查看工单

查看移动作业终端（PDA）工单。

步骤二　启封及检查

（1）检查计量装置封印是否完好，如封印被破坏，现场拍照取证；

（2）检查电能表外壳及端子是否存在过热引起的变色、变形，发现上述情况结合测试结果，判断电能表是否因过载损坏；

（3）开启计量装置相关封印，检查联合接线盒电压连接片是否在工作位置；

（4）打开电能表接线盒盖板，检查电压取样连接片是否在工作位置并接触良好。

连接片正常

连接片打开

步骤三　电能表故障测试

（1）外设检查。

- 接入相应外设，应注意电流钳位置及方向：直接式电能表应接在“电流出”端钮；
- 启动外设，检查电能表及进线是否正常。

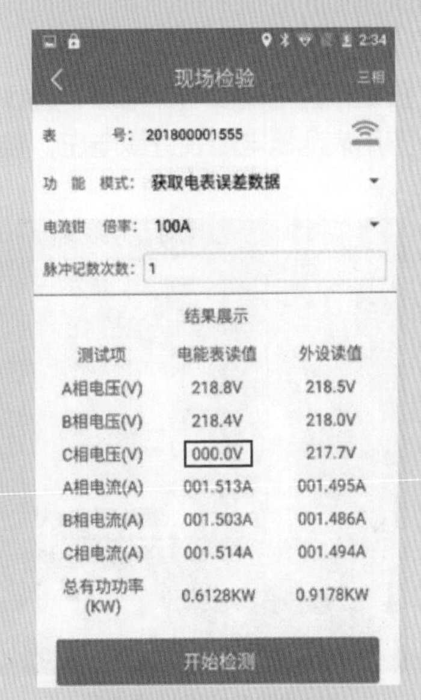

电能表故障，C 相失压

步骤三　电能表故障测试

（2）仪器检查。

- 按键检查电能表内部电压，进线电压正常、电能表电压不正常则电能表存在故障；
- 万用表测量电能表进线电压，接线端电压不正常则进线存在故障。

测量电能表进线电压

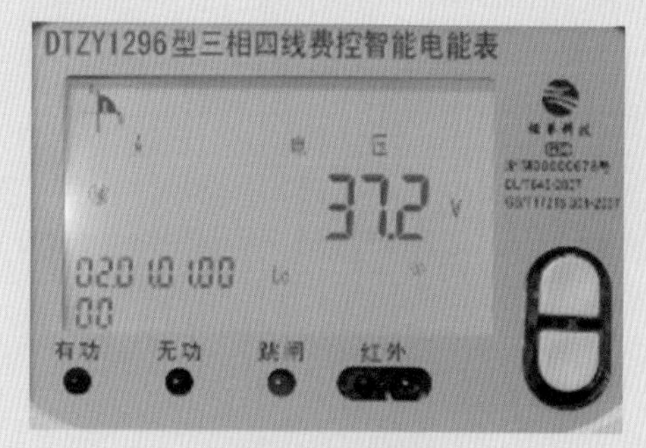

检查电能表内部电压

步骤四　接线检查

（1）测量接线盒上下电压：通过测量电压值与电能表的显示电压值来确定检查联合接线盒电压连接片是否接触不良；

（2）对于高供低计用户，检查电压取样线是否正常，无松动、烧毁、断线现象；

（3）对于高供高计用户，检查电压互感器高压侧保护熔丝是否正常，无熔断、接触不良等现象。

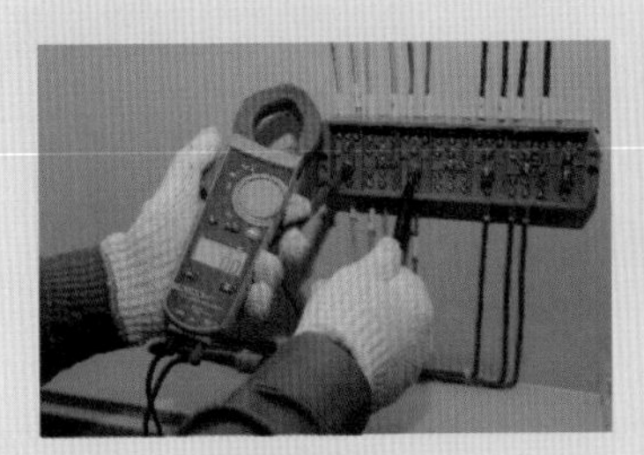

测量接线盒电压

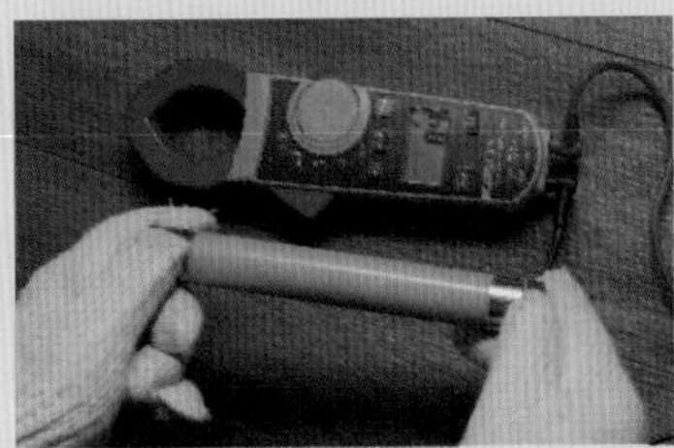

电阻正常，熔丝正常

电阻无穷大，熔丝熔断

步骤五　工单反馈

移动作业终端内根据检测结果进行反馈：

（1）电能表计量正常，则选择“终端数据采集错误”后提交工单；

（2）电能表计量故障，则选择“电能表故障”“转设备更换”后提交工单；

表计正常

表计故障

步骤五 工单反馈

（3）接线错误，则选择“接线问题”“转电量退补”后提交工单。

接线错误

2.2 电压断相

◎ **异常定义**：在三相供电系统中，计量回路中的一相或两相断开的现象。某相出现电压低于电能表正常工作电压，同时该相负荷电流小于启动电流的工况就属于电压断相。

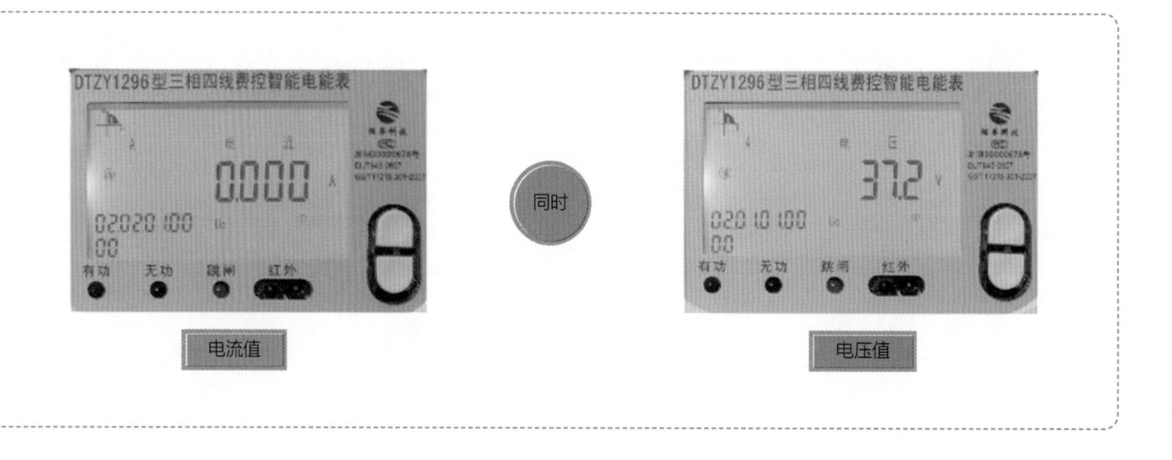

◎ 处理步骤：

步骤一 查看工单

查看移动作业终端（PDA）工单。

步骤二　一次设备检查

（1）检查用户配电设备高压侧跌落式熔断器是否脱落或熔断；

（2）检查用户一次侧熔丝（熔管）是否熔断。

注：一次侧电压断相将导致用户三相设备无法正常运行，可以结合用户生产是否正常辅助判断。

步骤三　启封及检查

（1）检查计量装置封印是否完好，如封印被破坏，现场拍照取证；

（2）检查电能表外壳及端子是否存在过热引起的变色、变形，发现上述情况结合测试结果，判断电能表是否因过载损坏；

（3）外设检查。

- 接入相应外设，应注意电流钳位置及方向：直接式电能表应接在“电流出”端钮；
- 启动外设，检查电能表是否正常。

步骤三　启封及检查

（4）仪器检查。

- 按键检查电能表电压、电流是否正常，如正常为误报；
- 测量电能表进线电压、电流，如正常为电能表故障，不正常为进线故障。

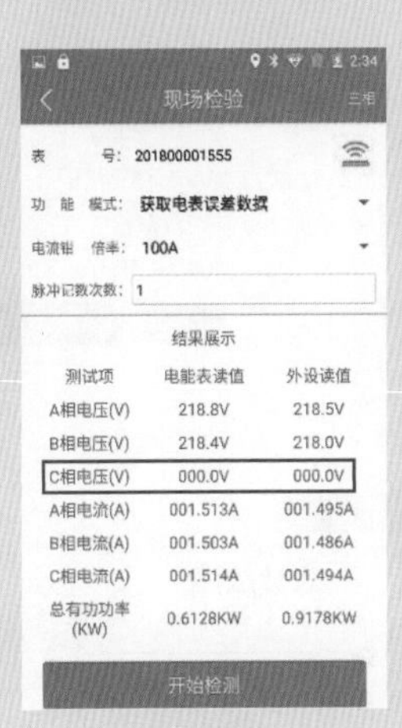

现场校验

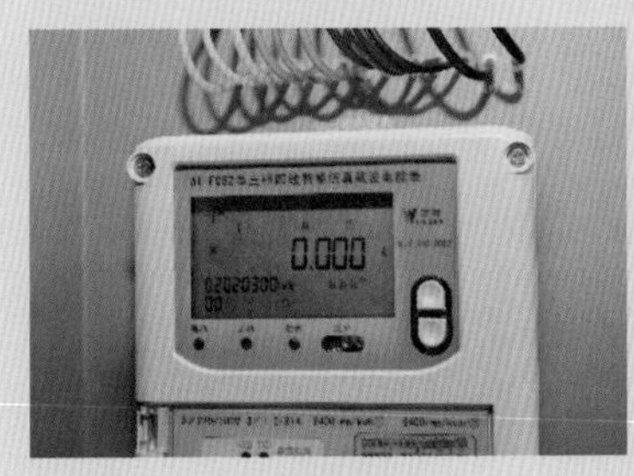

按键检查

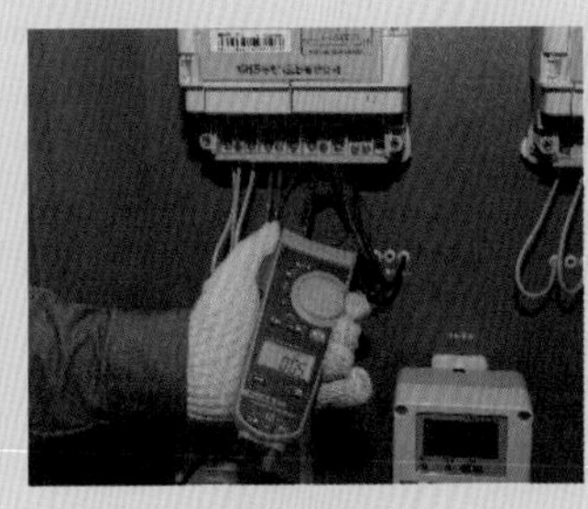

测量电流值

步骤四　工单反馈

移动作业终端内根据检测结果进行反馈：

（1）电能表计量正常，则选择“终端数据采集错误”后提交工单；

（2）电能表计量故障，则选择“电能表故障”“转设备更换”后提交工单；

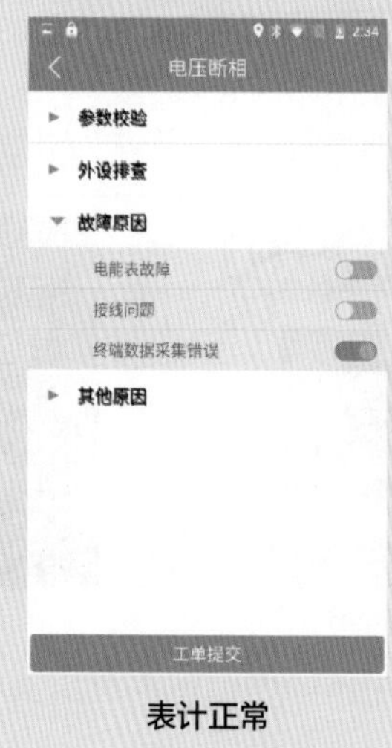

表计正常

表计故障

步骤四　工单反馈

（3）接线错误，则选择“接线问题”“转电量退补”后提交工单。

接线错误

2.3 电压越限

◎ **异常定义：**电压越上限、上上限以及电压越下限、下下限等异常现象。

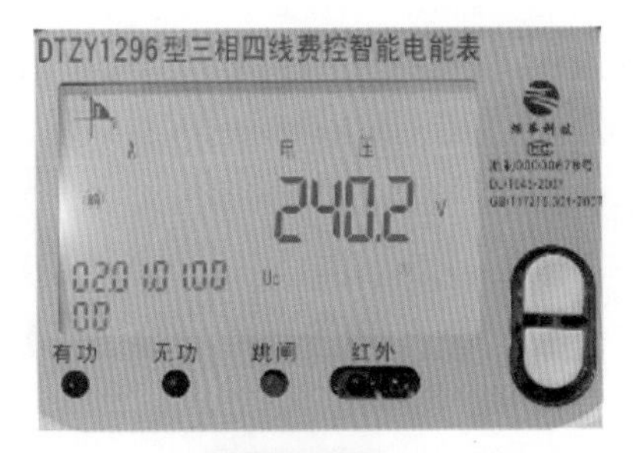

电压越上限

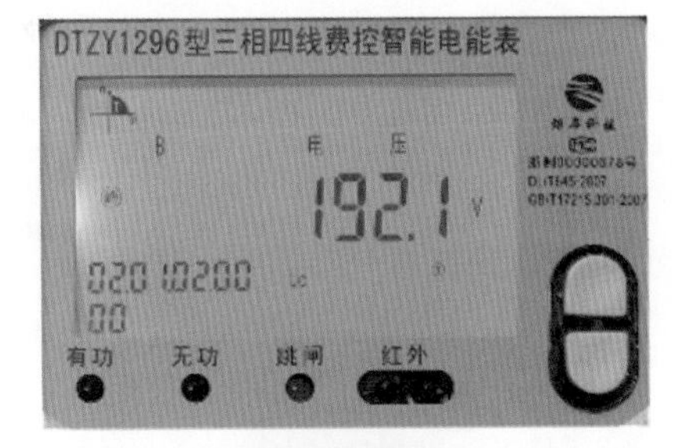

电压越下限

◎ 处理步骤：

步骤一　查看工单

查看移动作业终端（PDA）工单。

步骤二　启封及检查

（1）检查计量装置封印是否完好，如封印被破坏，现场拍照取证；

（2）检查电能表外壳及端子是否存在过热引起的变色、变形，发现上述情况结合测试结果，判断电能表是否因过载损坏。

步骤三 检查

（1）外设检查。

- 接入相应外设，注意电流钳位置及方向，直接式电能表应接在“电流出”端钮；
- 启动外设，检查电能表是否正常；
- 如电能表电压值与外设不一致，判断为电能表故障。

步骤三　检查

（2）仪器检查。

- 测量电能表各相进线电压是否越限；

a. 检查是否存在中性点偏移现象，检查计量零线是否正常，无未接、烧毁、氧化、接触不良等现象；检查变压器接地是否正常，无缺失、锈蚀等现象，必要时可停电测量变压器接地电阻。

b. 现场检查补偿电容投切是否正常，是否存在无功过补偿现象，可现场切除无功补偿设备后观察电压情况。

c. 对于低压用户，根据现场实际判别所属线路是否位于末端，造成电压越下限。

- 按键检查电能表电压是否正常，如进线电压正常电能表显示电压异常则电能表存在故障。

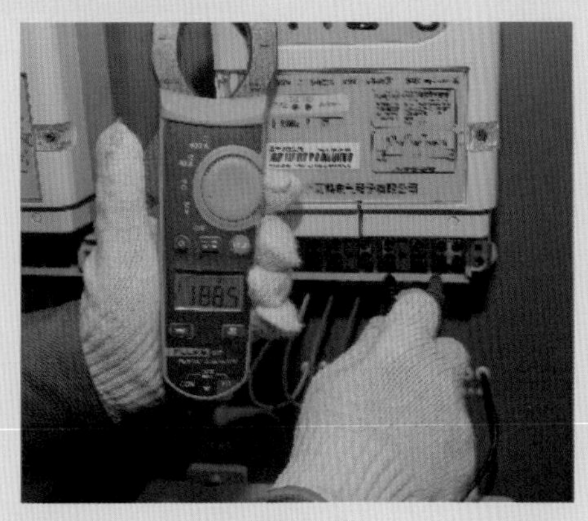

仪器检查

步骤四　工单反馈

移动作业终端内根据检测结果进行反馈：

（1）电能表计量正常、电压正常，则选择“终端数据采集错误”后提交工单；

（2）电能表计量故障，则选择“表计故障”“转设备更换”后提交工单；

步骤四　工单反馈

（3）如进线电压不正常，则选择“接线问题”“转电量退补”后提交工单。

接线错误

2.4 电压不平衡

◎ **异常定义：**三相电能表各相电压均正常（非失压、断相）的情况下，最大电压与最小电压差值超过一定比例。

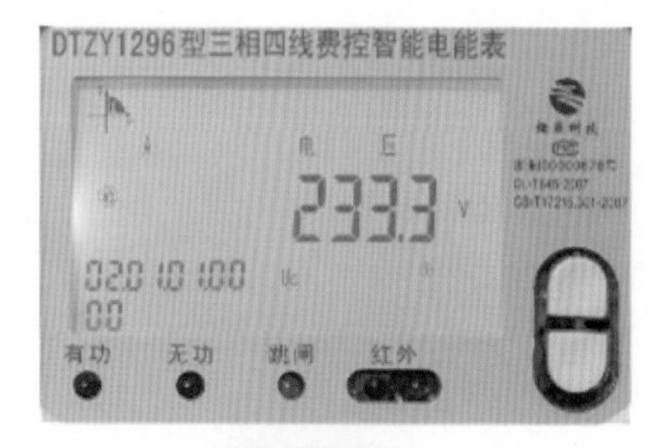

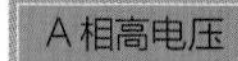
A 相高电压

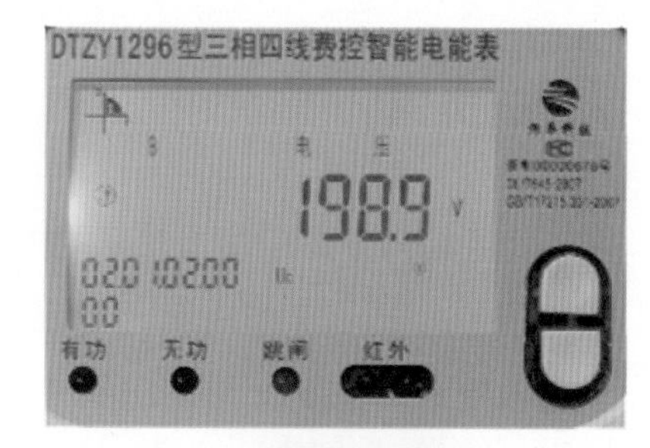

B 相低电压

◎ 处理步骤：

步骤一　查看工单

查看移动作业终端（PDA）工单。

步骤二　启封及检查

（1）检查计量装置封印是否完好，如封印被破坏，现场拍照取证；

（2）检查电能表外壳及端子是否存在过热引起的变色、变形，发现上述情况结合测试结果，判断电能表是否因过载损坏。

步骤三　检查

（1）外设检查。

1）接入相应外设，注意电流钳位置及方向，直接式电能表应接在“相线电流出”；

2）启动外设，检查电能表是否正常；

3）如电能表电压值与外设不一致，判断为电能表故障。

步骤三　检查

（2）仪器检查。

1）万用表测量电能表进线端电压，确定进线电压是否正常；

a. 检查是否存在中性点偏移，检查计量零线是否正常，无未接、烧毁、氧化、接触不良等现象；检查变压器接地是否正常，无缺失、锈蚀等现象，必要时可停电测量变压器接地电阻；

b. 检查用户三相负载是否平衡，电压低的相负载较大，电压高的相负载较少，必要时通知用户调整三相负载分布；

c. 如高供高计用户，则需检查电压互感器是否存在匝间故障导致二次电压异常。

2）按键检查电能表电压是否正常，如进线电压正常，电能表显示电压异常则电能表存在故障。

现场校验

步骤四　工单反馈

移动作业终端内根据检测结果进行反馈：

（1）电能表计量正常、接线正确，则选择“终端数据采集错误”后提交工单；

（2）电能表计量故障，则选择“电能表故障”“转设备更换”后提交工单；

表计正常

表计故障

步骤四 工单反馈

（3）接线错误，则选择“接线问题”“转电量退补”后提交工单。

接线错误

2.5 电流失流

◎ **异常定义**：三相电流中任一相或两相小于启动电流，且其他相电流大于 5% 额定（基本）电流。

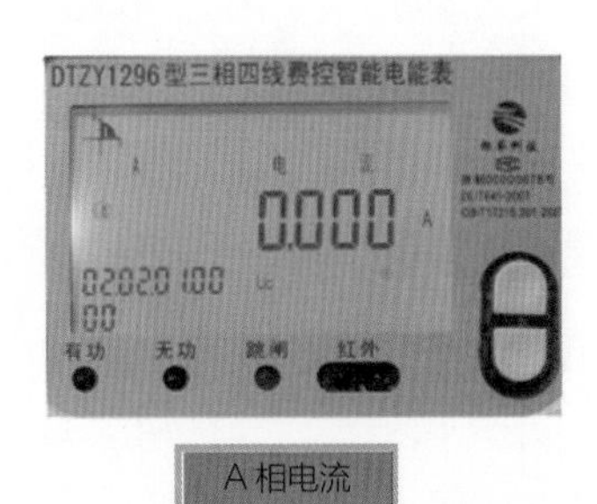

A 相电流

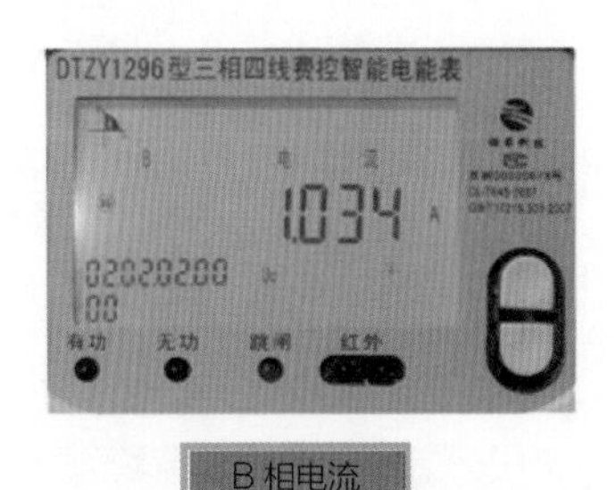

B 相电流

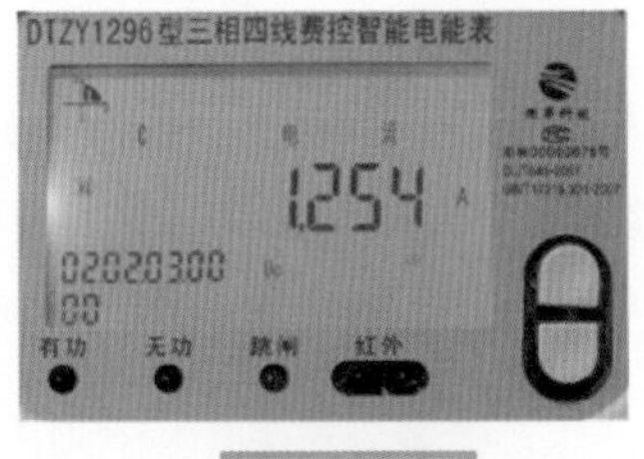

C 相电流

◎ 处理步骤：

步骤一　查看工单

查看移动作业终端（PDA）工单。

步骤二　启封及检查

（1）检查计量装置封印是否完好，如封印被破坏，现场拍照取证；

（2）注意电能表外壳及端子是否存在过热引起的变色、变形，发现上述情况结合测试结果，判断电能表是否因过载损坏；

（3）根据现场实际判断是否为用户负荷性质问题，是否仅使用单相负载；

（4）检查二次回路电流是否正常，正常则使用外设（按键检查）排查电能表是否故障；

步骤二　启封及检查

（5）检查联合接线盒电流短接片是否短接、开路、松动等；

（6）检查电能表端、联合接线盒、互感器接线端子处导线是否存在松动、未紧固等现象；

（7）检查电流互感器外观是否有发热痕迹；

（8）检查电能表接线是否正确，重点检查电压电流线是否串接。

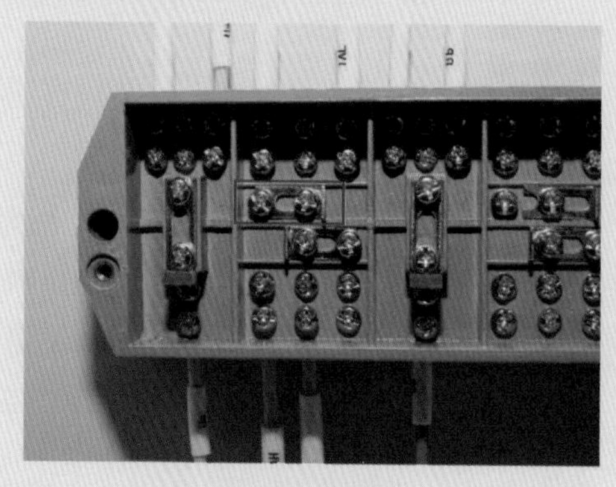

电流回路短路

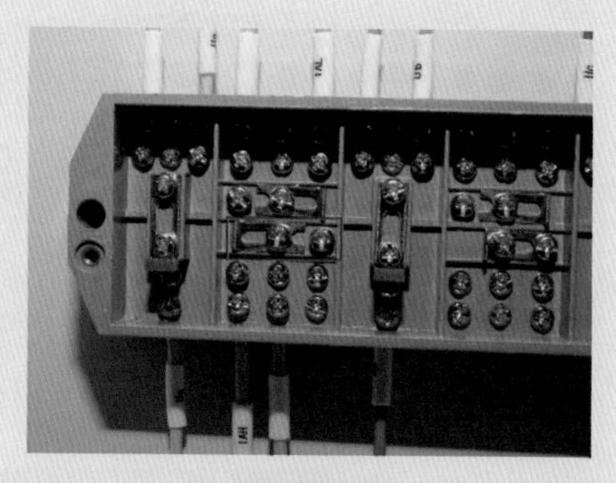

电流回路开路

步骤三 工单反馈

移动作业终端内根据检测结果进行反馈：

（1）电流回路短路，则选择“计量回路电流短路”“转电量退补”后提交；

（2）电能表计量故障，则选择“电能表故障”“转设备更换”后提交工单；

计量回路短路

电能表故障

步骤三　工单反馈

（3）接线错误，则选择“接线错误”“转电量退补”后提交工单。

接线错误

2.6 电流不平衡

◎ **异常定义**：三相三线电能表各相电流均正常（非失流）的情况下，最大电流与最小电流差值超过一定比例。

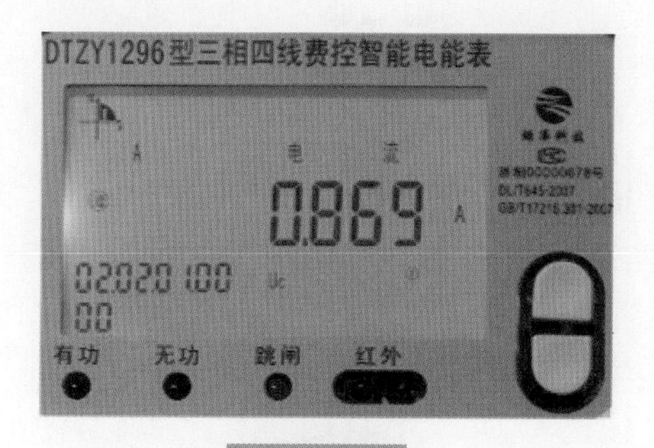

A 相电流

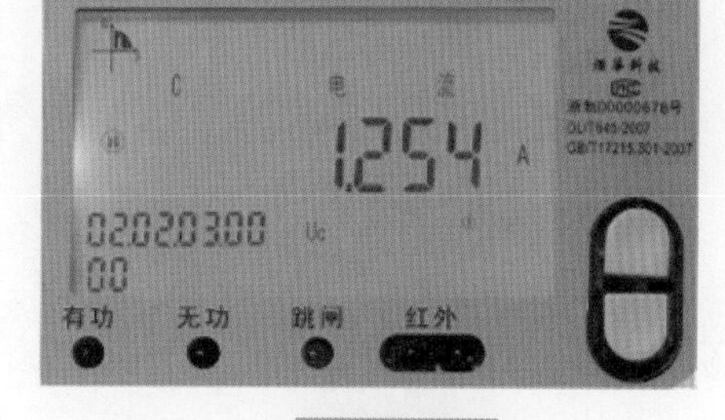

C 相电流

◎ 处理步骤：

步骤一　查看工单

查看移动作业终端（PDA）工单。

步骤二　启封及检查

钳形万用表检查

（1）检查计量装置封印是否完好，如封印被破坏，现场拍照取证；

（2）注意电能表外壳及端子是否存在过热引起的变色、变形，发现上述情况结合测试结果，判断电能表是否因过载损坏；

（3）检查二次回路电流是否正常，正常则使用外设（按键检查）排查电能表是否故障；

（4）检查联合接线盒电流短接片是否短接、松动等；

（5）检查电能表端、联合接线盒、互感器接线端子处导线是否存在短接等现象；

（6）检查高压电流互感器是否存在故障，可利用一二次电流比辅助判断，必要时拆下校验；

（7）根据现场实际判断是否存在窃电情况。

注意事项： 用户用电设备可能引起电流不平衡（如工频炉）。

步骤三　工单反馈

移动作业终端内根据检测结果进行反馈：

（1）电流回路短路，则选择“计量回路电流短路”“转电量退补”后提交；

（2）电能表计量故障，则选择“电能表故障”“转设备更换”后提交工单；

步骤三　工单反馈

（3）接线错误，则选择“接线错误”“转电量退补”后提交工单。

接线错误

3. 异常用电类

3.1 电能表开盖

◎ 异常定义：电能表表盖或端钮盖打开时，形成相应的事件记录。

开表盖事件记录：

事件发生时间	表计局号	事件名称	事件明细
2019-01-01 11:00:13	333000100010000...	上1次开表盖记录	2019-01-01 10:58:33,2019-01-01 10:59:5...

开端钮盖事件记录：

事件发生时间	表计局号	事件名称	事件明细
2019-01-18 17:44:33	333000100010010...	上1次开端钮盒记录	2019-01-18 17:30:46,2019-01-18 17:34:2...

◎ 处理步骤：

步骤一 查看工单

查看移动作业终端（PDA）工单。

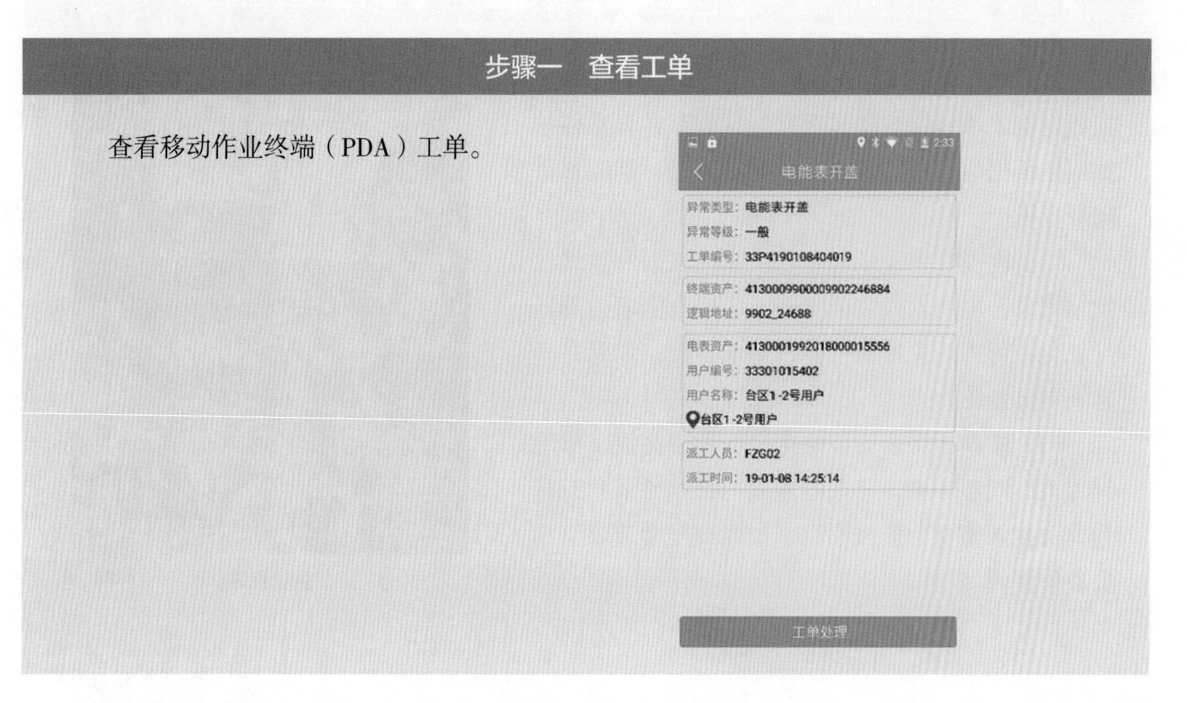

步骤二　启封及检查

（1）检查电能表表盖封印（出厂封、校验封）、三相电能表端钮盒封印是否完好，如存在异常则拍照固定证据后，通知查窃人员到场处理，期间不得离开现场；

（2）检查电能表是否发热，存在表面和接线柱发黄现象；电能表表盖未紧固，导致电能表内部器件氧化；行程开关接触不良，造成误报；如存在异常则需换表处理；

（3）检查电能表安装位置是否处于高温、早晚温差大、潮湿环境，导致电能表内部器件氧化；行程开关接触不良，造成误报。如存在异常建议更换安装位置。

封印损坏

步骤三 工单反馈

移动作业终端内根据检测结果进行反馈：

（1）电能表计量正常、接线正确，则选择“误报”后提交工单；

（2）电能表计量故障，则选择“表计故障”“转设备更换”后提交工单；

步骤三　工单反馈

（3）如存在窃电情况，则选择“窃电”“转电量退补”后提交工单。

窃电

3.2 恒定磁场干扰

◎ **异常定义**：三相电能表检测到外部有 100mT 以上强度的恒定磁场，且持续时间大于 5s，记录为恒定磁场干扰事件。

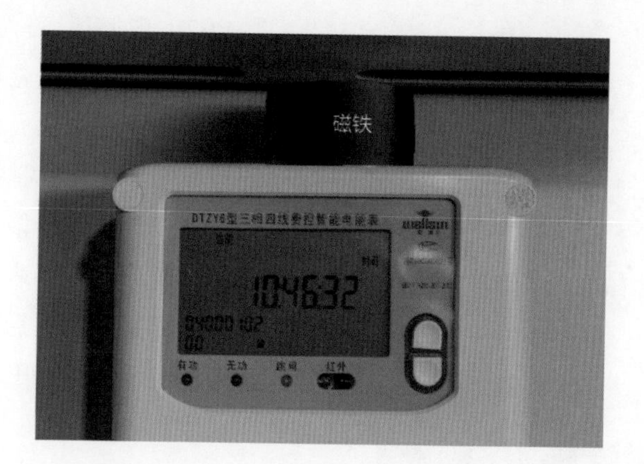

◎ **处理步骤：**

步骤一　查看工单

查看移动作业终端（PDA）工单。

步骤二　启封及检查

（1）检查计量装置封印是否完好，如封印被破坏，现场拍照取证；

（2）现场环境检查：检查靠近电能表安装位置是否有强磁场用电设备或生产设备（如充磁设备和大容量变压器、电焊设备等），如有建议调整安装位置；

（3）检查计量柜（箱）内外是否存在强磁设备干扰电能表正常运行，如存在异常则拍照固定证据后，通知查窃人员到场处理，期间不得离开现场。

步骤三　工单反馈

移动作业终端内根据检测结果进行反馈：

（1）电能表计量正常、接线正确，则选择“误报”后提交工单；

（2）电能表计量故障，则选择“表计故障”“转设备更换”后提交工单；

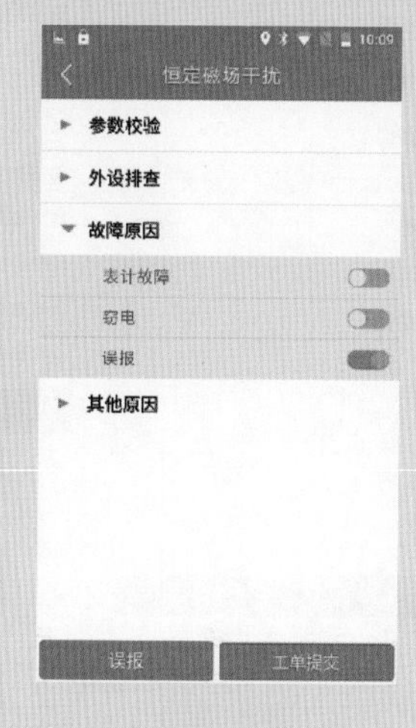

表计正常

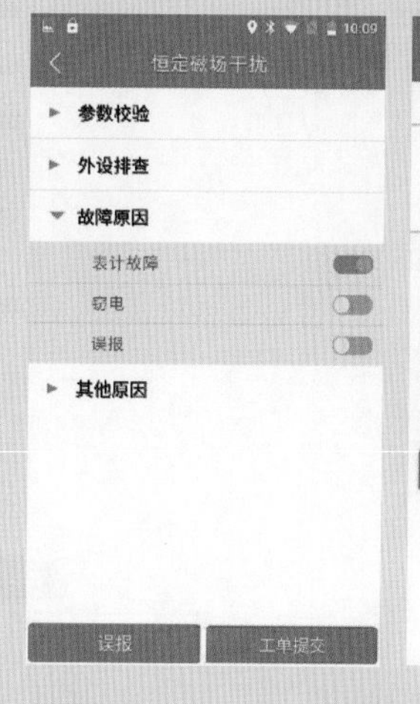

表计故障

步骤三　工单反馈

（3）窃电，则选择“窃电”“转电量退补”后提交工单。

窃电

3.3 电量差动异常

◎ 异常定义：计量回路与比对回路（如交采回路）同时段的电量差值电量超过阈值。

日期	局号(终端/表计)	受电容量(kVA)	CT	PT	表计自身倍率	正向有功总电量
2018-11-18	3330001000100177472...	250	100	1	1	916
2018-11-17	3330001000100177472...	250	100	1	1	922

电能表日电量

日期	局号(终端/表计)	受电容量(kVA)	CT	PT	表计自身倍率	正向有功总电量
2018-11-18	3330001000100177472...	250	100	1	1	815
2018-11-17	3330001000100177472...	250	100	1	1	820

终端日电量

◎ 处理步骤：

步骤一　查看工单

查看移动作业终端（PDA）工单。

步骤二　启封及检查

（1）检查计量装置封印是否完好，如封印被破坏，现场拍照取证；

（2）注意电能表外壳及端子是否存在过热引起的变色、变形，发现上述情况结合测试结果，判断电能表是否因过载损坏；

（3）使用移动作业终端读取电能表及采集设备电量示值，核对是否存在异常；

（4）现场检查互感器变比，终端采样脉冲常数等参数与系统设置是否一致；

（5）使用外设（现场校验仪）检查电能表、终端误差是否合格，接线是否正确。

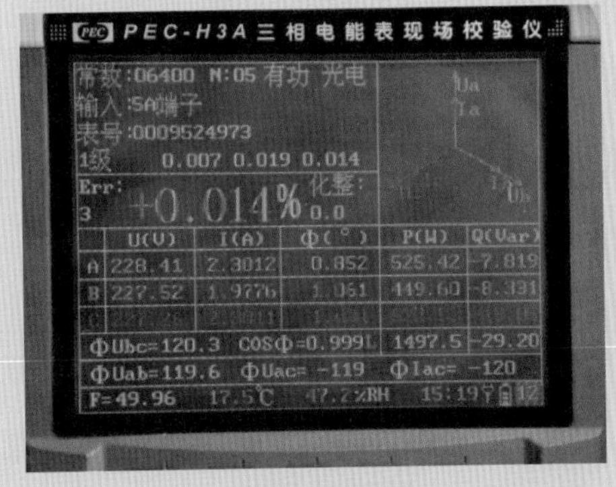

现场校验仪校验

步骤三　工单反馈

移动作业终端内根据检测结果进行反馈：

（1）电能表计量正常、接线正确，则选择“误报”后提交工单；

（2）电能表计量故障，则选择“电能表故障”“转设备更换”后提交工单；

表计正常

表计故障

步骤三　工单反馈

（3）接线错误，则选择“接线错误”“转电量退补”后提交工单。

接线错误

3.4 单相表分流

◎ **异常定义**：单相表相线电流和零线电流存在差异。

表计局号	测量点号	数据项名称	值
33300010001000924...	7	当前A相电流	0.927
33300010001000924...	7	当前零线电流	1.657

相线电流小于零线电流

◎ 处理步骤：

步骤一　查看工单

查看移动作业终端（PDA）工单。

步骤二　启封及检查

（1）检查计量装置封印是否完好，如封印被破坏，现场拍照取证；

（2）注意电能表外壳及端子是否存在过热引起的变色、变形，发现上述情况结合测试结果，判断电能表是否因过载损坏；

（3）测量相线、零线电流，核对是否存在异常；

（4）按键查看电能表电流与进线电流是否一致，不一致则进一步检查是否存在短路、分流现象；

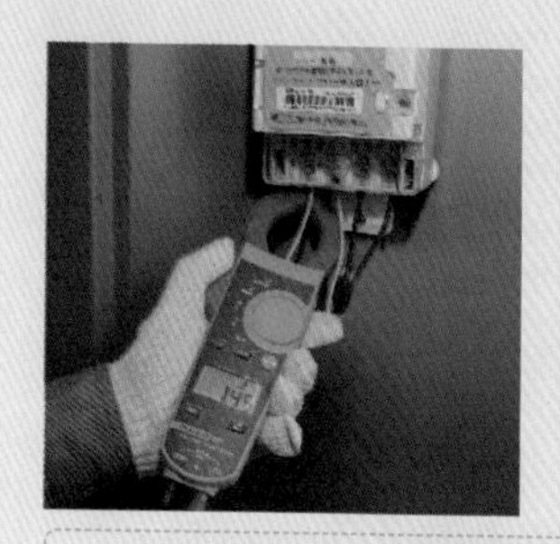

测量相线、零线电流

相线短路分流

步骤二　启封及检查

（5）用验电笔测量电能表端子，检查是否存在相零反接后借零用电等违规用电现象；

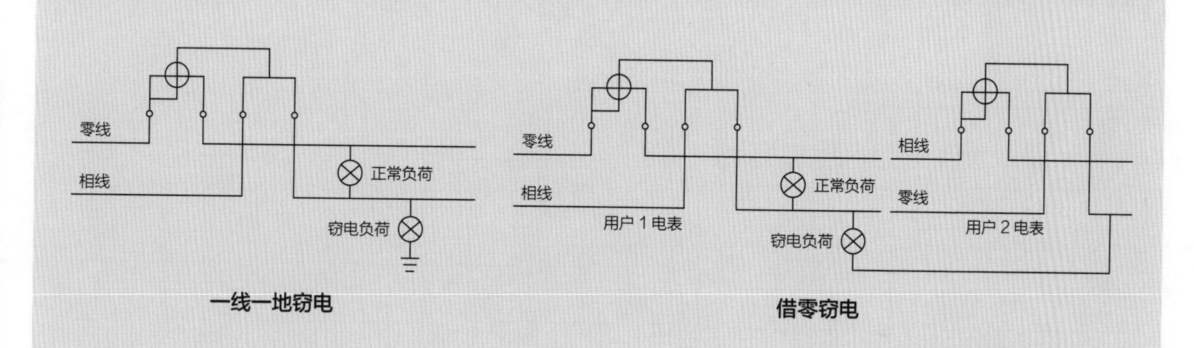

步骤二　启封及检查

（6）检查电能表零线与其他相近的电能表是否存在串、并接现象，造成零线回路有其他表的零线电流流过。

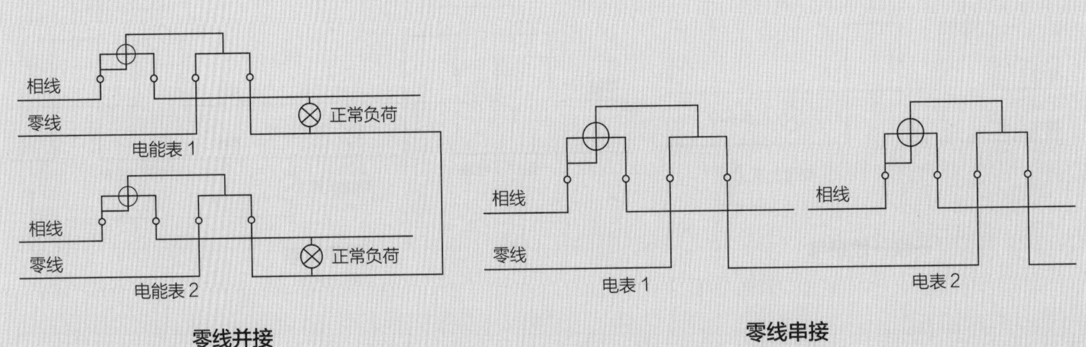

步骤三　工单反馈

移动作业终端内根据检测结果进行反馈：

（1）电能表计量正常、接线正确，则选择“误报”后提交工单；

（2）电能表计量故障，则选择“表计故障”“转设备更换”后提交工单；

步骤三　工单反馈

（3）如存在窃电，则选择“窃电”“转电量退补”后提交工单。

窃电

4. 负荷异常类

4.1 需量超容

◎ **异常定义**：按最大需量计算基本电费的专变用户，电能表记录的最大需量超出用户合同容量。

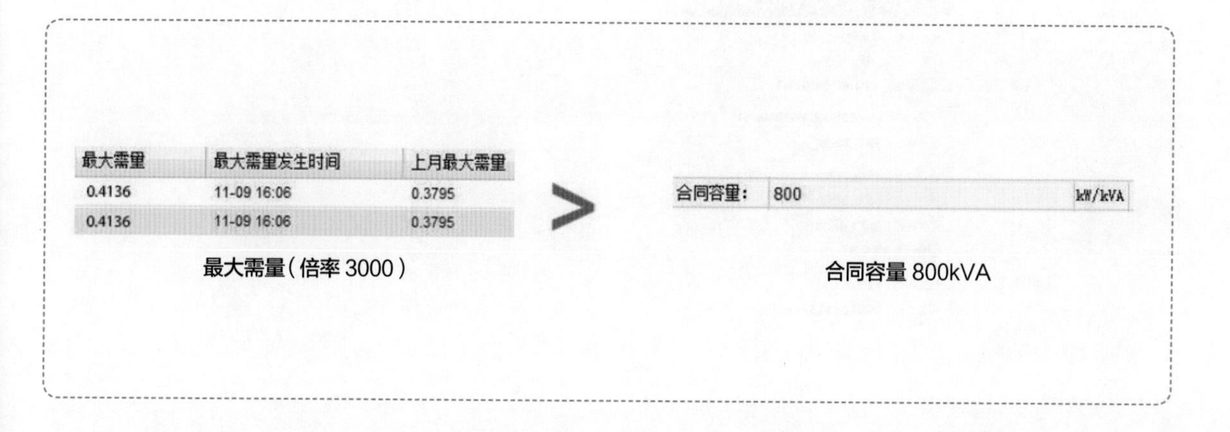

最大需量	最大需量发生时间	上月最大需量
0.4136	11-09 16:06	0.3795
0.4136	11-09 16:06	0.3795

最大需量（倍率 3000）

合同容量 800kVA

◎ 处理步骤：

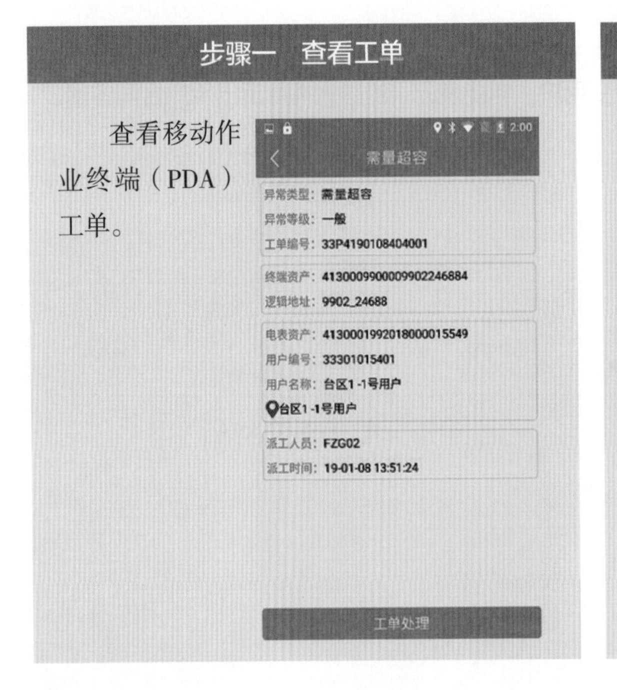

步骤一　查看工单

查看移动作业终端（PDA）工单。

步骤二　用电负荷判断

现场核查用户实际用电负荷是否过大，超过合同容量。

步骤三　启封及检查

（1）检查计量装置封印是否完好，如封印被破坏，现场拍照取证；

（2）注意电能表外壳及端子是否存在过热引起的变色、变形，发现上述情况结合测试结果，判断电能表是否因过载损坏；

（3）检查现场互感器变比是否与档案一致；

（4）使用移动作业终端（按键）读取需量等数据，核对是否存在异常；

（5）使用外设（现场校验仪）检查电能表是否故障。

注意事项：建议在用户大负荷时段现场检查。

步骤四　工单反馈

移动作业终端内根据检测结果进行反馈：

（1）电能表计量正常、接线正确，则选择“误报”后提交工单；

（2）电能表计量故障，则选择“表计故障”“转设备更换”后提交工单；

表计正常

表计故障

步骤四 工单反馈

（3）如需量超容由用户用电容量较大引起，则选择"负荷过大""白名单申请信息"后提交工单。

负荷过大

4.2 负荷超容

◎ **异常定义**：用户负荷超出合同约定容量。

运行容量:	1250(kVA)

运行容量

最大需量(kW)	最大需量发生时间	上月最大需量(kW)
0.6576	10-25 14:54	0.647
0.6576	10-25 14:54	0.647

最大需量（倍率 3000）

◎ 处理步骤：

步骤一　查看工单

查看移动作业终端（PDA）工单。

步骤二　用电负荷判断

现场核查用户实际用电负荷是否过大，是否增加了用电设备，超过合同容量用电。

步骤三　启封及检查

（1）检查计量装置封印是否完好，如封印被破坏，现场拍照取证；

（2）注意电能表外壳及端子是否存在过热引起的变色、变形，发现上述情况结合测试结果，判断电能表是否因过载损坏；

（3）检查现场互感器变比是否与档案一致；

（4）移动作业终端（按键）读取需量、有功功率等数据，核对是否存在异常；

（5）使用外设（现场校验仪）检查电能表、接线是否存在异常；

（6）必要时核查用户是否私自增加变压器容量，可用变压器容量测试仪测试。

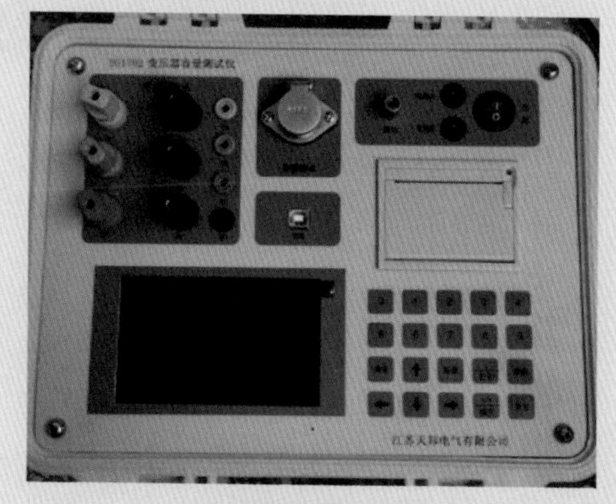

变压器容量测试仪

注意事项：建议在用户大负荷时段现场检查。

步骤四　工单反馈

移动作业终端内根据检测结果进行反馈：

（1）电能表计量正常、接线正确，则选择“误报”后提交工单；

（2）电能表计量故障，则选择“表计故障”“转设备更换”后提交工单；

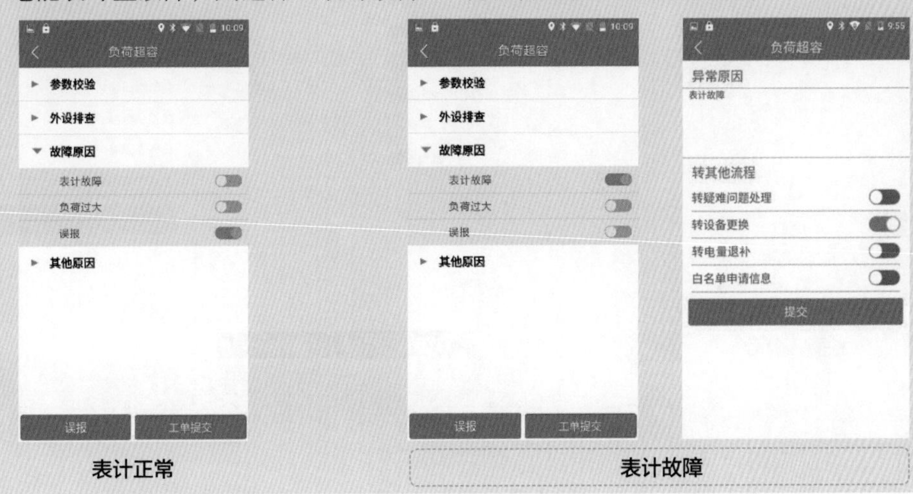

表计正常　　　　表计故障

步骤四　工单反馈

（3）如负荷超容由用户用电容量较大引起，则选择“负荷过大”“白名单申请信息”后提交工单。

负荷过大

4.3 电流过流

◎ **异常定义：**经互感器接入的三相电能表某一相负荷电流持续超过额定电流。

A 相电流

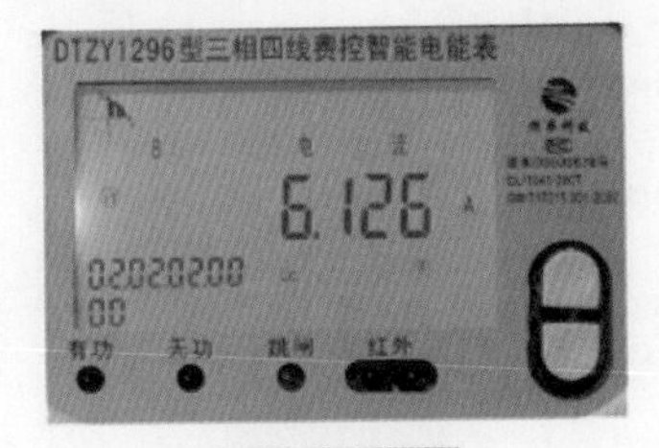

B 相电流

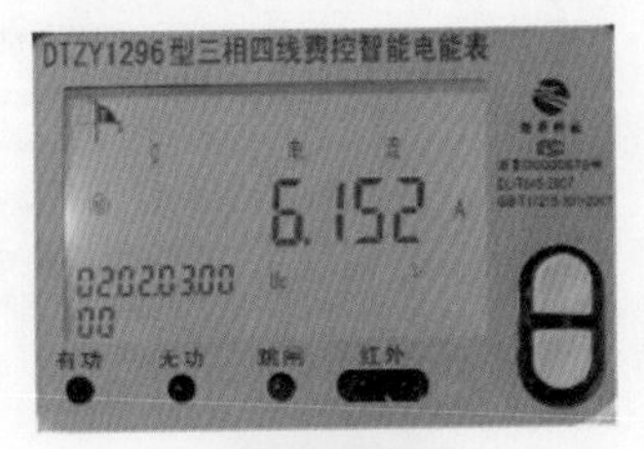

C 相电流

◎ 处理步骤：

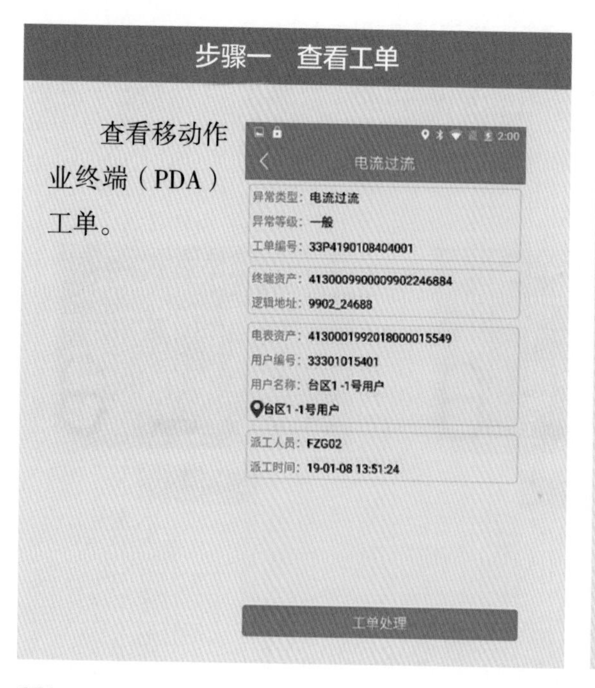

步骤二　用电负荷判断

现场核查用户实际用电负荷是否过大，超过互感器一次电流值。

步骤三　启封及检查

（1）检查计量装置封印是否完好，如封印被破坏，现场拍照取证；

（2）注意电能表外壳及端子是否存在过热引起的变色、变形，发现上述情况结合测试结果，判断电能表是否因过载损坏；

（3）检查现场互感器变比是否与档案一致；

（4）通过移动作业终端（或按键）读取负荷等数据，核对是否存在异常；

（5）安装外设（现场校验仪），检查电能表是否存在故障。

注意事项：建议在用户大负荷时段现场检查。

按键读取

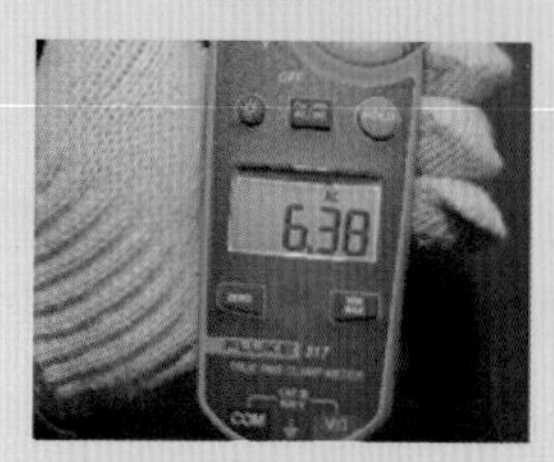

钳形万用表测量电流

步骤四　工单反馈

移动作业终端内根据检测结果进行反馈：

（1）电能表计量正常、接线正确，则选择“误报”后提交工单；

（2）电能表计量故障，则选择“表计故障”“转设备更换”后提交工单；

表计正常

表计故障

步骤四　工单反馈

（3）如电流过流由用户用电容量较大引起，则选择“负荷过大”“白名单申请信息”后提交工单。

负荷过大

4.4 负荷持续超下限

◎ **异常定义**：315kVA 及以上的专变用户连续多日用电负荷过小。

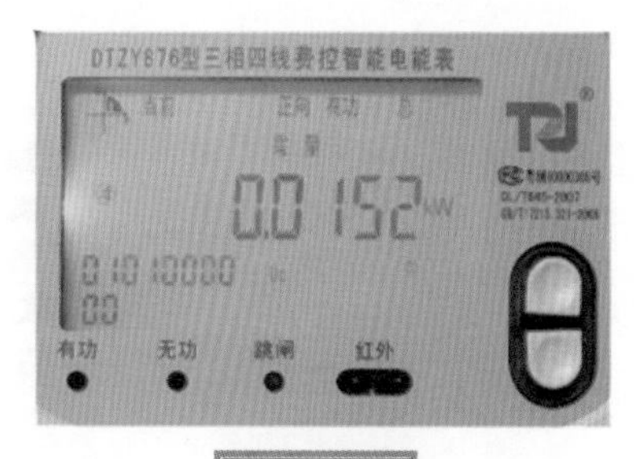

最大需量

电流

◎ 处理步骤：

步骤一　查看工单

查看移动作业终端（PDA）工单。

步骤二　用电负荷判断

现场核查用户现场是否未生产，用电负荷过小。

步骤三　启封及检查

（1）检查计量装置封印是否完好，如封印被破坏，现场拍照取证；

（2）注意电能表外壳及端子是否存在过热引起的变色、变形，发现上述情况结合测试结果，判断电能表是否因过载损坏；

（3）检查联合接线盒电流连接片是否短接；

（4）检查现场互感器变比是否与档案一致；

（5）移动作业终端（按键）读取需量、有功功率等数据，核对是否存在异常；

（6）使用外设（现场校验仪）检查电能表及接线是否存在异常。

按键读取

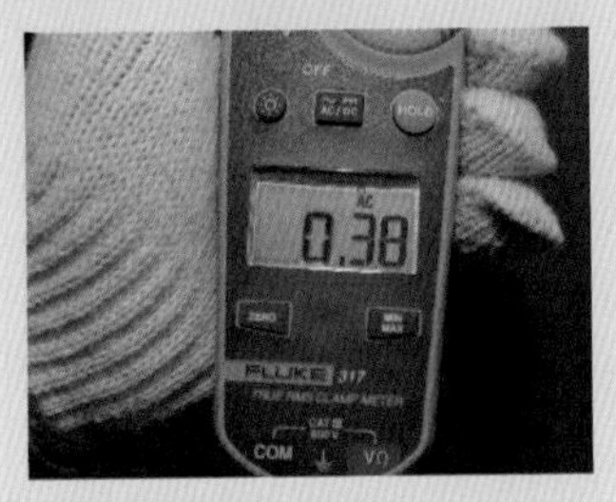

钳形万用表测量电流

步骤四　工单反馈

移动作业终端内根据检测结果进行反馈：

（1）电能表计量正常、接线正确，则选择“误报”后提交工单；

（2）电能表计量故障，则选择“表计故障”“转设备更换”后提交工单；

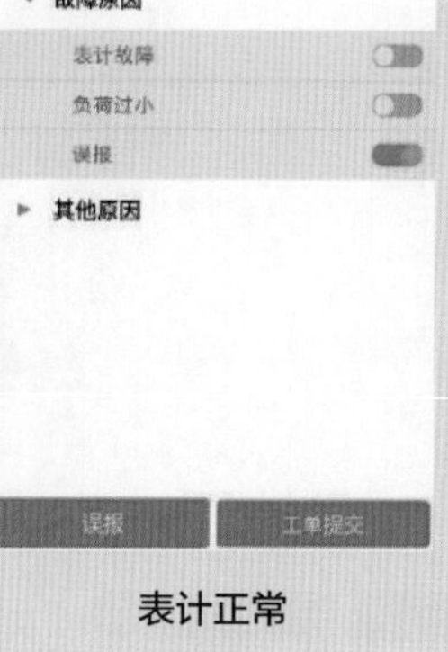

表计正常

表计故障

步骤四　工单反馈

（3）如负荷持续超下限由用户长期不用电、用电容量较小引起，则选择“负荷过小”，“白名单申请信息”后提交工单。

负荷过小

4.5 功率因数异常

◎ **异常定义**：用户日平均功率因数过低（日平均功率因数通过日有功、无功电量计算得到）。

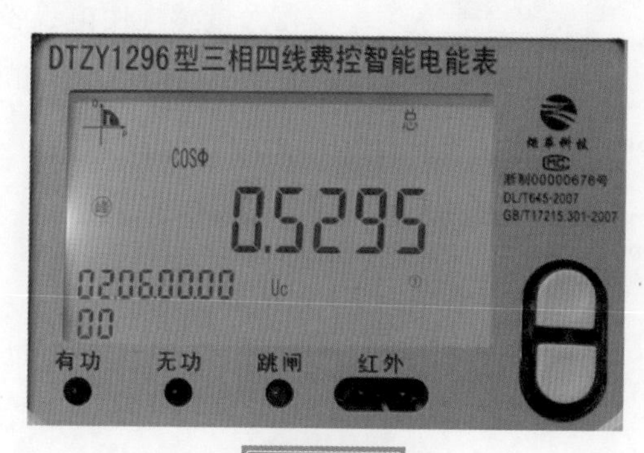

功率因数值

◎ **处理步骤**：

步骤一　查看工单

查看移动作业终端（PDA）工单。

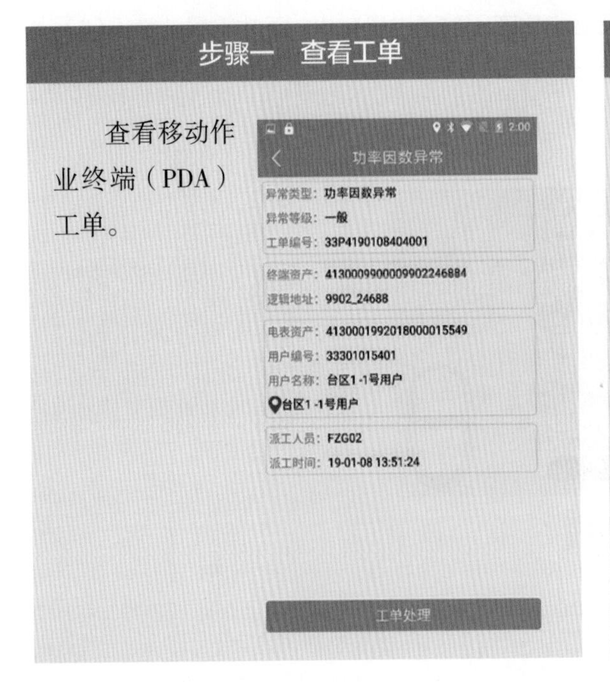

步骤二　核查用户用电设备情况

现场核查用户用电设备情况，是否存在大量感性用电设备（如电动机），无功补偿装置是否正常并投入运行。

步骤三　启封及检查

（1）检查计量装置封印是否完好，如封印被破坏，现场拍照取证；

（2）注意电能表外壳及端子是否存在过热引起的变色、变形，发现上述情况结合测试结果，判断电能表是否因过载损坏；

（3）移动作业终端（按键）读取电压、电流、功率因数等数据，核对是否存在异常；

（4）使用外设（现场校验仪）检查电能表及接线是否正常。

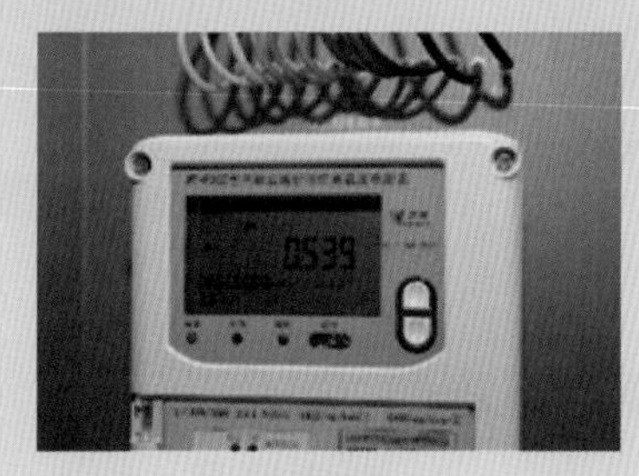

按键查看

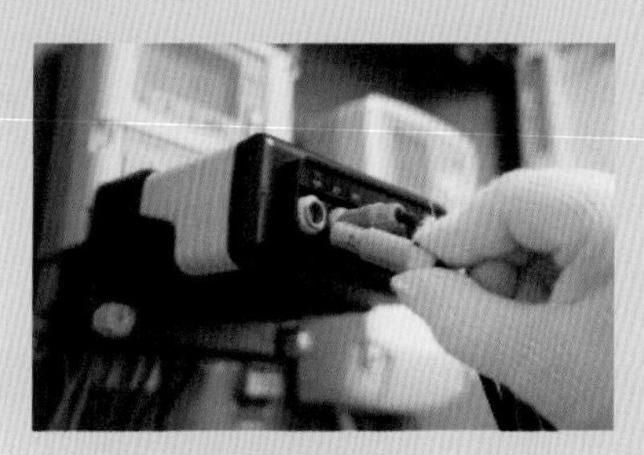

安装外设检查

步骤四　工单反馈

移动作业终端内根据检测结果进行反馈：

（1）电能表计量正常、接线正确，则选择“误报”后提交工单；

（2）电能表计量故障，则选择“表计故障”“转设备更换”后提交工单；

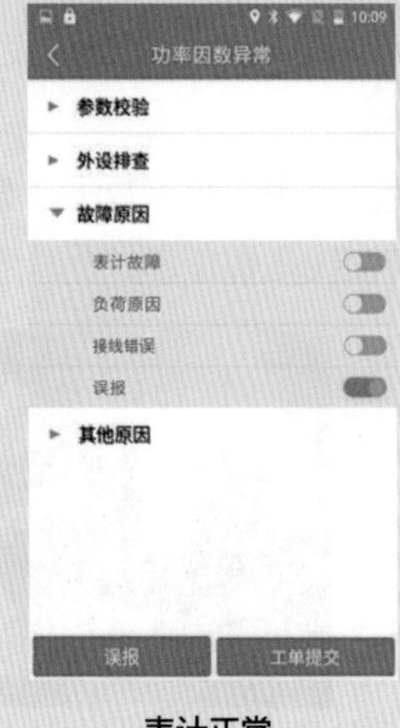

表计正常

表计故障

步骤四 工单反馈

（3）接线错误，则选择“接线错误”“转电量退补”后提交工单；

（4）如异常由用户用电设备引起，则选择“负荷原因”“白名单申请信息”后提交工单。

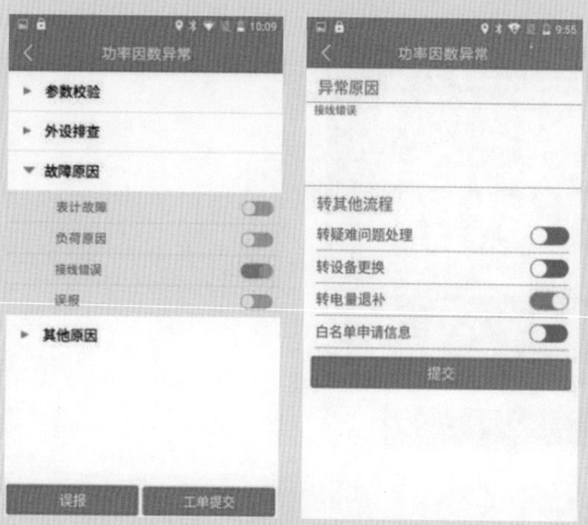

功率因数异常
参数校验
外设排查
故障原因
表计故障
负荷原因
接线错误
误报
其他原因
误报 工单提交

功率因数异常
异常原因
接线错误
转其他流程
转疑难问题处理
转设备更换
转电量退补
白名单申请信息
提交

接线错误

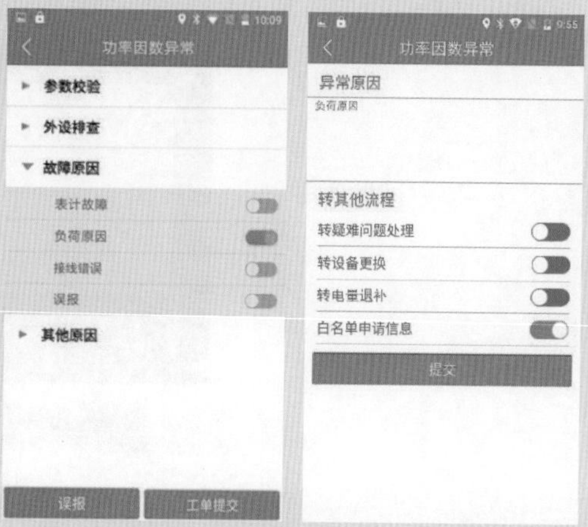

功率因数异常
参数校验
外设排查
故障原因
表计故障
负荷原因
接线错误
误报
其他原因
误报 工单提交

功率因数异常
异常原因
负荷原因
转其他流程
转疑难问题处理
转设备更换
转电量退补
白名单申请信息
提交

负荷原因

5. 时钟异常类

◎ **时钟异常定义**：电能表时钟与标准时钟误差超过阈值。

时间错误（当前时间 16:06:07）

◎ 处理步骤：

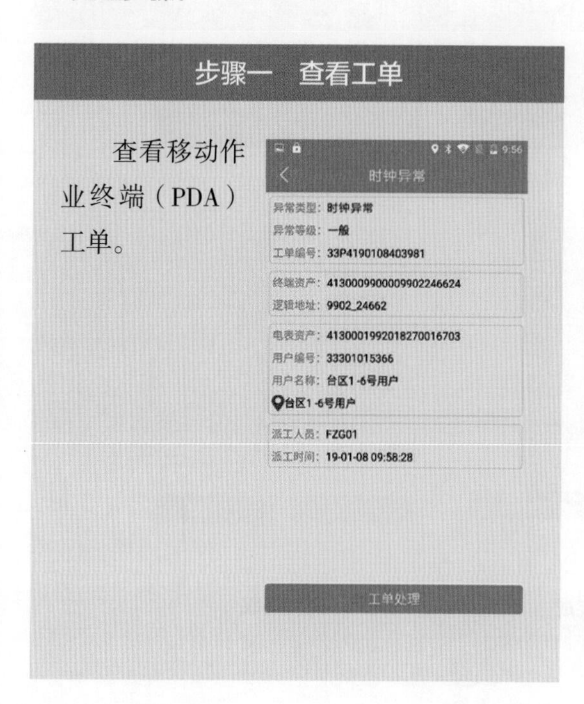

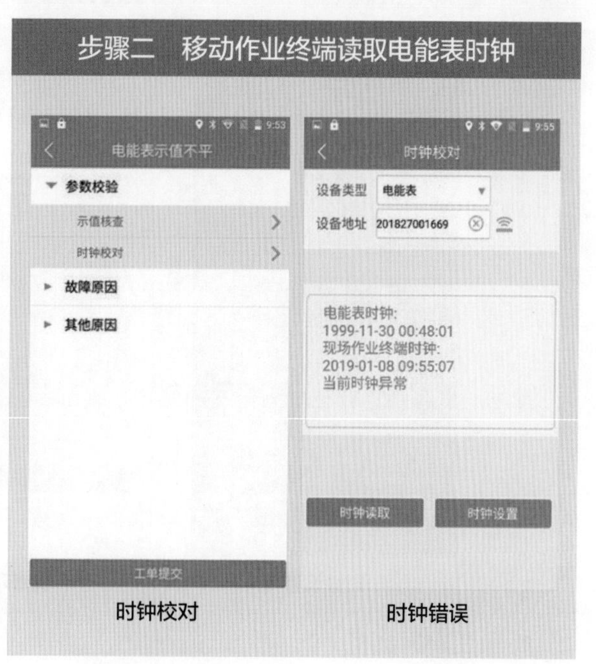

时钟校对　　时钟错误

步骤三　移动作业终端对电能表进行对时
时钟校对
设备类型
电能表
设备地址
201827001669
时钟设置...
时钟读取
时钟设置
时钟设置
时钟校对
设备类型
电能表
设备地址
201827001669
时钟设置完成,成功
时钟读取
时钟设置
设置完成
时钟校对
设备类型
电能表
设备地址
201827001669
电能表时钟:
2019-01-08 09:56:01
现场作业终端时钟:
2019-01-08 09:56:01
当前时钟正常
时钟读取
时钟设置
时钟读取

步骤四　换表处理

对时不成功则需更换电能表。

（1）对时成功，则选择“对时成功”提交工单；

（2）对时不成功，或电能表电池电压低，则选择“表计故障”“转设备更换”提交工单。

表计正常

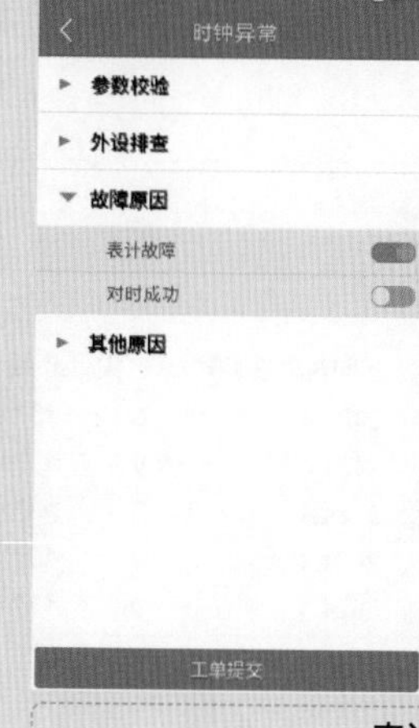

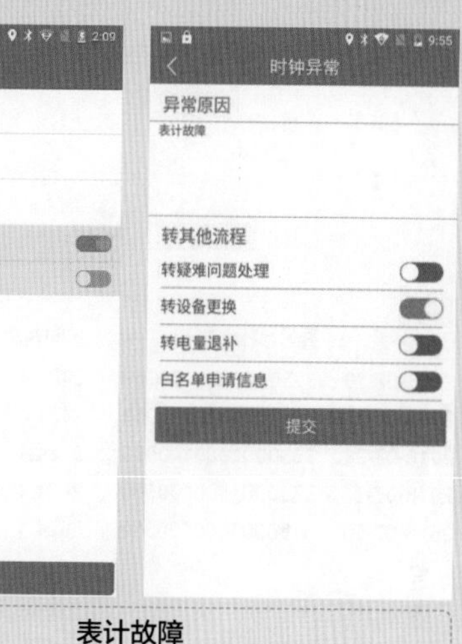

表计故障

6. 接线异常类

6.1 反向电量异常

◎ **异常定义**：非发电用户电能表反向有功总示值大于0，且每日反向有功总示值有一定增量。

日期	局号(终端/表计)	正向有功总(kWh)	←尖	←峰	←平	←谷	反向有功总(kWh)	←尖	←峰	←平	←谷
2018-07-30	3330001000100069...	2424.4	0	1371.7	0	1052.7	2801	0	2740.03	0	60.96
2018-07-29	3330001000100069...	2424.4	0	1371.7	0	1052.7	2785.49	0	2725.09	0	60.4
2018-07-28	3330001000100069...	2424.4	0	1371.7	0	1052.7	2771.83	0	2711.83	0	59.99
2018-07-27	3330001000100069...	2424.4	0	1371.7	0	1052.7	2753.28	0	2693.58	0	59.7
2018-07-26	3330001000100069...	2424.4	0	1371.7	0	1052.7	2742.94	0	2683.45	0	59.49

◎ 处理步骤：

步骤一 查看工单

查看移动作业终端（PDA）工单。

步骤二 核查负荷性质

现场核查用户负荷性质，是否存在反送电设备（电梯等）。

步骤三　启封及检查

（1）检查计量装置（电能表、计量箱柜）的封印完好情况，如发现封印被破坏的痕迹，则通过移动作业终端现场拍照取证；

（2）注意电能表外壳及端子是否存在过热引起的变色、变形，发现上述情况结合测试结果，判断电能表是否因过载损坏；

（3）检查电能表是否显示反向或负电流；

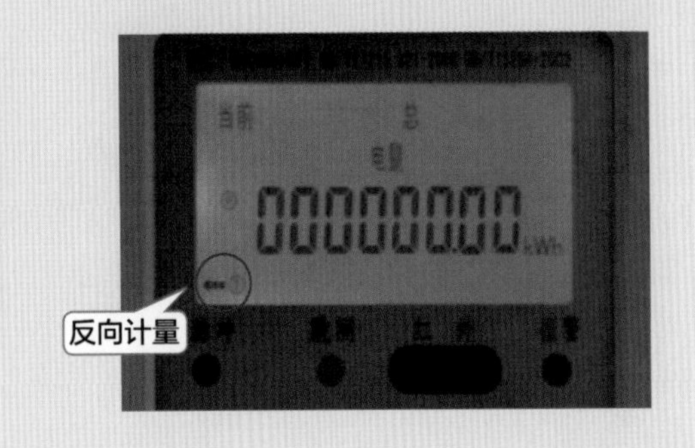

步骤三 启封及检查

（4）利用移动作业终端（按键检查）核对电能表电量数据；

（5）使用外设（现场校验仪）检查电能表及接线是否正确；

（6）若接线故障则拍照取证，并恢复正确接线，按照退补规则进行退补；

（7）如发现用户窃电，则拍照固定证据后通知查窃人员到场处理，期间不得离开现场。

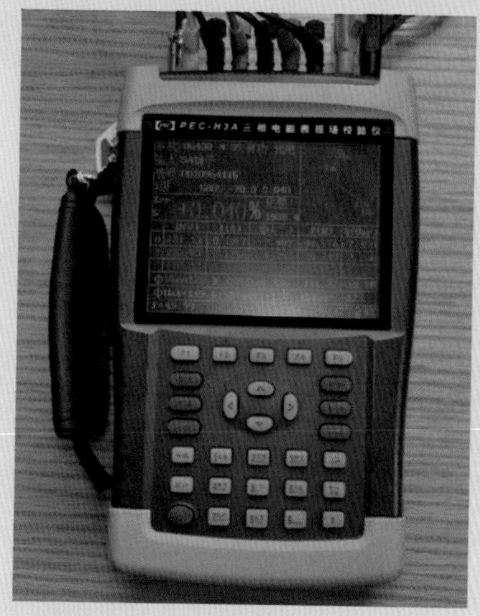

现场校验

步骤四　工单反馈

移动作业终端内根据检测结果进行反馈：

（1）电能表计量正常、接线正确，则选择“误报”后提交工单；

（2）电能表计量故障，则选择“表计故障”“转设备更换”后提交工单；

表计正常

表计故障

步骤四　工单反馈

（3）接线错误，则选择“接线错误”“转电量退补”后提交工单。

接线错误

6.2 潮流反向

◎ **异常定义：**三相电流或功率出现反向。

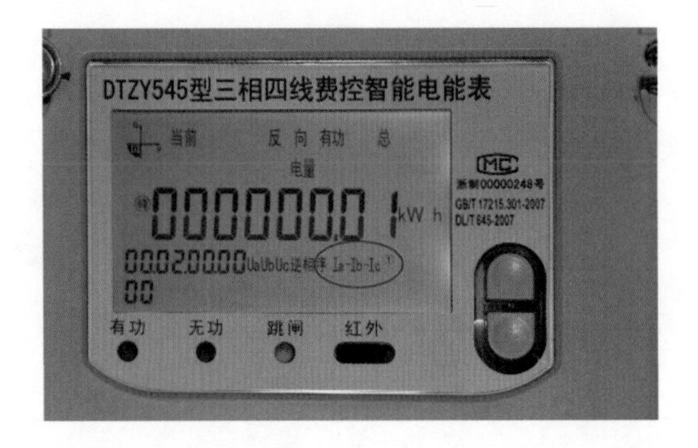

◎ 处理步骤：

步骤一 查看工单

查看移动作业终端（PDA）工单。

9:56
潮流反向
异常类型：潮流反向
异常等级：一般
工单编号：33P4190108403981
终端资产：4130009900009902246624
逻辑地址：9902_24662
电表资产：4130001992018270016703
用户编号：33301015366
用户名称：台区1-6号用户
台区1-6号用户
派工人员：FZG01
派工时间：19-01-08 09:58:28
工单处理

步骤二 核查负荷性质

现场核查用户负荷性质，是否存在反送电设备（电梯等），是否存在无功过补偿等现象。

步骤三　启封及检查

（1）检查计量装置（电能表、计量箱柜）的封印完好情况，如发现封印被破坏的痕迹，则通过移动作业终端现场拍照取证；

（2）注意电能表外壳及端子是否存在过热引起的变色、变形，发现上述情况结合测试结果，判断电能表是否因过载损坏；

（3）检查电能表象限显示、电流指示、电压、电流、功率因数值是否正常；

（4）利用移动作业终端（按键检查）核对电能表电量数据；

（5）使用外设（现场校验仪）检查电能表及接线是否正确；

（6）若接线故障则拍照取证后恢复正确接线，按照退补规则进行退补；

（7）如发现用户窃电，则拍照固定证据后通知查窃人员到场处理，期间不得离开现场。

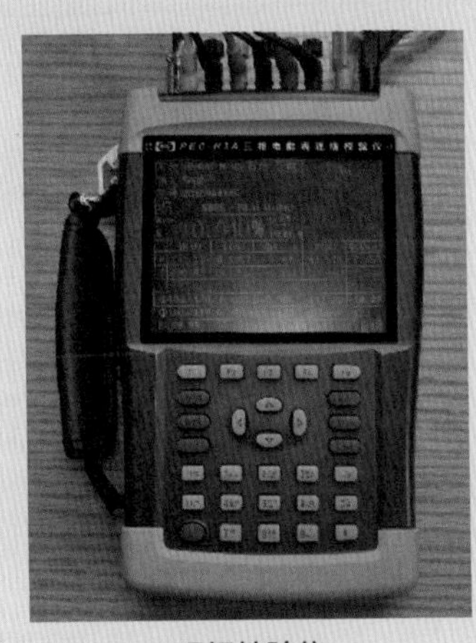

现场校验仪

步骤四　工单反馈

移动作业终端内根据检测结果进行反馈：

（1）电能表计量正常、接线正确，则选择“误报”后提交工单；

（2）电能表计量故障，则选择“表计故障”“转设备更换”后提交工单；

表计正常　　表计故障

步骤四　工单反馈

（3）接线错误，则选择“接线错误”“转电量退补”后提交工单。

接线错误

6.3 其他错接线

◎ **异常定义**：主要针对安装因素或者人为窃电行为，造成一、二次计量装接错误或者设备损坏，造成计量准确性差错的接线称为其他错接线。

◎ **处理步骤**：

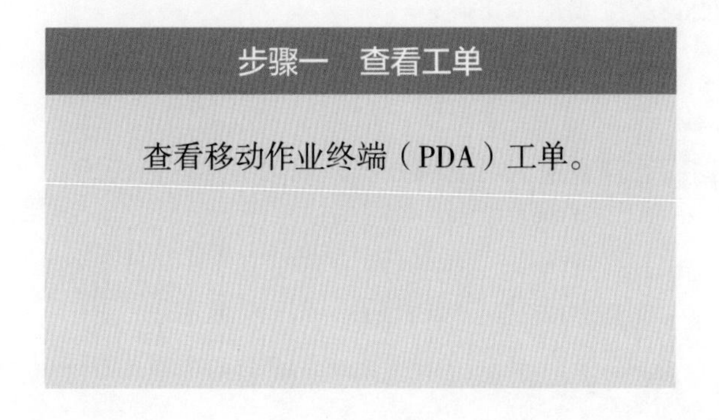

步骤二　启封及检查

（1）检查计量装置（电能表、计量箱柜）的封印完好情况，如发现封印被破坏的痕迹，则通过移动作业终端现场拍照取证；

（2）注意电能表外壳及端子是否存在过热引起的变色、变形，发现上述情况结合测试结果，判断电能表是否因过载损坏；

（3）使用外设（现场校验仪）检查电能表及接线是否正确；

（4）检查二次电流回路是否存在短路、分流、半波整流等异常，重点检查电能表接线端子、联合接线盒、互感器接线端子处；

（5）如发现用户窃电，则拍照固定证据后通知查窃人员到场处理，期间不得离开现场。

步骤三　工单反馈

根据现场检测结果，选择相应的接线错误选项进行反馈。

现场校验

2:02
其他错接线
参数校验
外设排查
故障原因
电压错接线
电流错接线
A相电流极性反
B相电流极性反
C相电流极性反
其他原因
工单提交

工单反馈

7. 回路巡检仪事件

7.1 二次短路（分流）

◎ **异常定义：**电流互感器二次侧发生短路、部分短路事件。

◎ **处理步骤：**

步骤一　查看工单

查看移动作业终端（PDA）工单。

步骤二　核查负荷性质

现场核查用户负荷性质，是否存在调频、直流充电等易产生谐波设备。

步骤三　启封及检查

（1）检查计量装置封印是否完好，如封印被破坏，现场拍照取证；

（2）注意电能表外壳及端子是否存在过热引起的变色、变形，发现上述情况结合测试结果，判断电能表是否因过载损坏；

（3）测量二次回路电流，同时查看电能表电流，判断两者是否一致，如不一致，则测量端至电能表端存在短路分流，停电检查接线情况；

（4）同时测量电流互感器一、二次侧电流，判断比值是否符合变比值，如不一致，则二次回路可能存在短路分流，需停电检查接线情况；

步骤三　启封及检查

（5）如接线故障则拍照取证，并恢复正确接线，按照退补规则进行退补；

（6）如发现用户窃电，则拍照固定证据后通知查窃人员到场处理，期间不得离开现场。

测量一次电流

步骤四　工单反馈

移动作业终端内根据检测结果进行反馈：

（1）电能表计量正常、接线正确，则选择“误报”后提交工单；

（2）电能表计量故障，则选择“表计故障”“转设备更换”后提交工单；

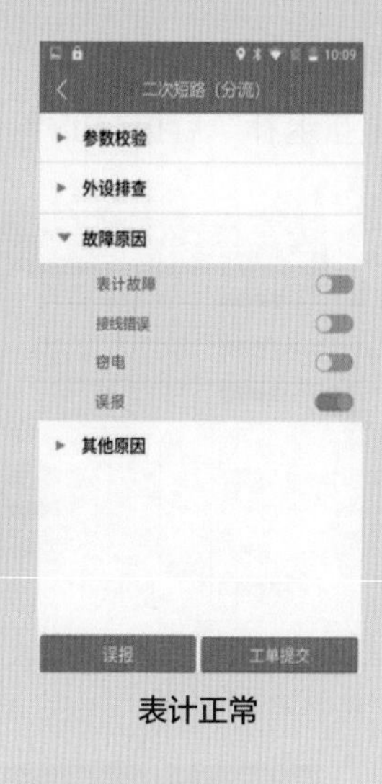

表计正常

表计故障

步骤四　工单反馈

（3）接线错误，则选择“接线错误”“转电量退补”后提交工单；

（4）如存在窃电情况，则选择“窃电”“转电量退补”后提交工单。

7.2 二次开路

◎ 异常定义：电流互感器二次回路发生开路事件。

◎ 处理步骤：

步骤二　核查用户负荷

现场核查用户负荷，是否未用电。

步骤三　启封及检查

（1）检查计量装置封印是否完好，如封印被破坏，现场拍照取证；

（2）注意电能表外壳及端子是否存在过热引起的变色、变形，发现上述情况结合测试结果，判断电能表是否因过载损坏；

（3）检查电能表电流值是否为0；

（4）检查二次回路电流是否为0；

（5）短接联合接线盒电流回路短接片，测量联合接线盒进线电流，进线电流不为0，则可能为联合接线盒至电能表之间回路存在问题，需检查导线是否断路，电能表电流回路是否开路；

步骤三 启封及检查

（6）短接联合接线盒电流回路短接片，测量联合接线盒进线电流，联合接线盒进线电流为 0，则可能为联合接线盒至电流互感器之间回路存在问题，需检查联合接线盒是否损坏、进线导线是否断路，电流互感器是否开路；

（7）若电能表、电流互感器故障需转设备更换，若接线故障则拍照取证后恢复正确接线，按照退补规则进行退补；

（8）如发现用户窃电，则拍照固定证据后通知查窃人员到场处理，期间不得离开现场。

电流互感器二次断线

步骤四　工单反馈

移动作业终端内根据检测结果进行反馈：

（1）电能表计量正常、接线正确，则选择“误报”后提交工单；

（2）电能表计量故障，则选择“表计故障”“转设备更换”后提交工单；

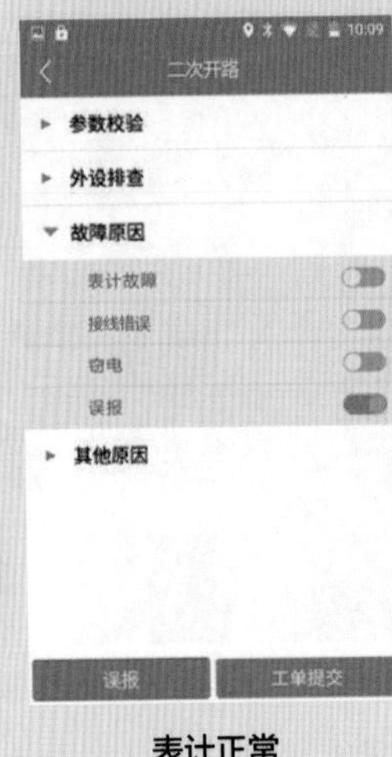

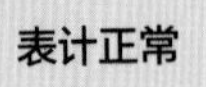
表计正常

表计故障

步骤四 工单反馈

（3）接线错误，则选择“接线错误”“转电量退补”后提交工单；

（4）如存在窃电情况，则选择“窃电”“转电量退补”后提交工单。

接线错误

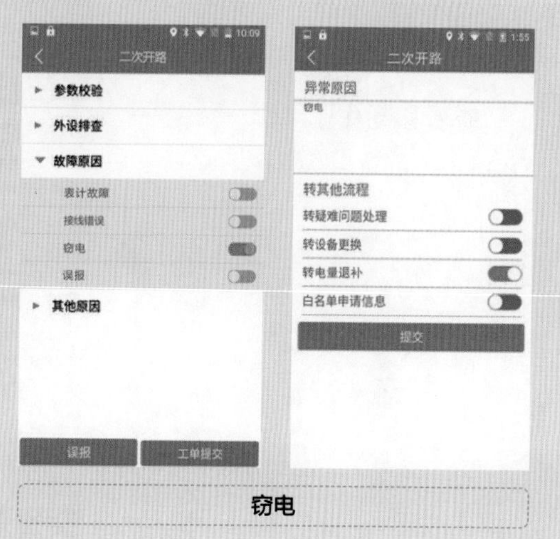

窃电

7.3 一次短路

◎ **异常定义：**电流互感器回路一次侧发生短路事件或一次绕接互感器。

◎ **处理步骤：**

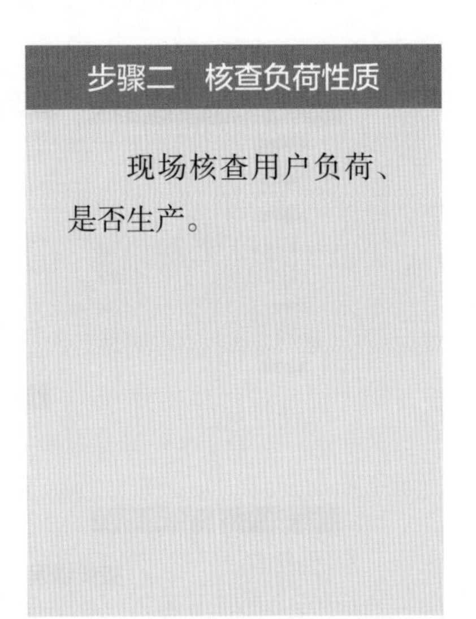

步骤三 启封及检查

（1）检查计量装置封印是否完好，如封印被破坏，现场拍照取证；

（2）检查电流互感器，是否存在过热引起的变色、变形，发现上述情况结合其他检查结果，判断电流互感器是否因过载损坏；

（3）检查电流互感器一次侧，是否存在异常接线；

（4）同时测量电流互感器一、二次侧电流，判断比值是否符合电流互感器变比值，如不一致，则互感器一次绕组可能存在短路，需停电检查接线情况；

（5）如接线故障则拍照取证后恢复正确接线，按照退补规则进行退补；

（6）如发现用户窃电，则拍照固定证据后通知查窃人员到场处理，期间不得离开现场。

测量一次电流

步骤四　工单反馈

移动作业终端内根据检测结果进行反馈：

（1）电能表、互感器计量正常、接线正确，则选择“误报”后提交工单；

（2）电流互感器计量故障，则选择“表计故障”“转设备更换”后提交工单；

表计正常

表计故障

步骤四　工单反馈

（3）接线错误，则选择“接线错误”“转电量退补”后提交工单；

（4）如存在窃电情况，则选择“窃电”“转电量退补”后提交工单。

接线错误　　　　窃电

7.4 短接电能表

◎ **异常定义：**电能表输入端发生短路。

◎ **处理步骤：**

步骤一　查看工单

查看移动作业终端（PDA）工单。

步骤二　启封及检查

（1）检查计量装置封印是否完好，如封印被破坏，现场拍照取证；

（2）注意电能表外壳及端子是否存在过热引起的变色、变形，发现上述情况结合测试结果，判断电能表是否因过载损坏；

（3）测量电能表接线二次回路电流，同时查看电能表电流，判断两者是否一致，如不一致，则电能表接线端子或内部存在短路分流，需进一步检查；

（4）如发现用户窃电，则拍照固定证据后通知查窃人员到场处理，期间不得离开现场。

步骤三　工单反馈

根据现场检查结果，选择相应的选项进行反馈。

步骤三　工单反馈

移动作业终端内根据检测结果进行反馈：

（1）电能表计量正常、接线正确，则选择“误报”后提交工单；

（2）电能表计量故障，则选择“表计故障”“转设备更换”后提交工单；

表计正常

表计故障

步骤三 工单反馈

（3）接线错误，则选择“接线错误”“转电量退补”后提交工单；

（4）如存在窃电情况，则选择“窃电”“转电量退补”后提交工单。

7.5 电能表计量示值错误

◎ **异常定义**：电能表输入端发生部分短路或改变电能表内部采样电路。

◎ **处理步骤**：

步骤二　启封及检查

（1）检查计量装置封印是否完好，如封印被破坏，现场拍照取证；

（2）注意电能表外壳及端子是否存在过热引起的变色、变形，发现上述情况结合测试结果，判断电能表是否因过载损坏；

（3）测量电能表接线二次回路电流，同时查看电能表电流，判断两者是否一致，如不一致，则电能表接线端子或内部存在短路分流，需进一步检查；

（4）使用三相计量外设或现场校验仪校验电能表误差，如测试结果合格，判断为误报；如测试结果不合格，则可能存在电能表故障或窃电嫌疑，需进一步检查；

（5）如现场发现窃电嫌疑，则拍照固定证据后通知查窃人员到场处理，期间不得离开现场。

步骤三　工单反馈

根据现场检查结果，选择相应的选项进行反馈。

步骤三　工单反馈

移动作业终端内根据检测结果进行反馈：

（1）电能表计量正常、接线正确，则选择“误报”后提交工单；

（2）电能表计量故障，则选择“表计故障”“转设备更换”后提交工单；

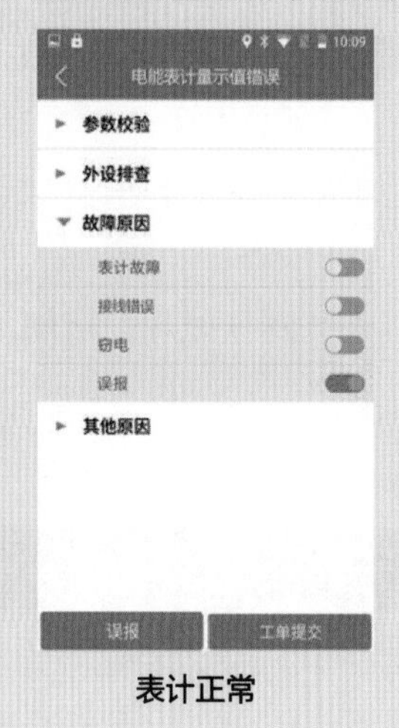

表计正常

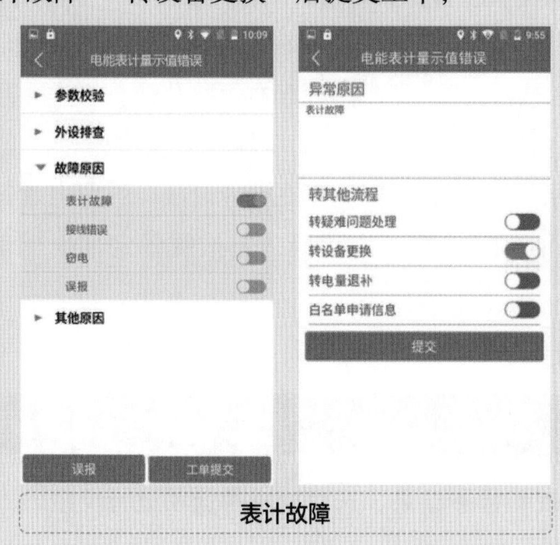

表计故障

步骤三　工单反馈

（3）接线错误，则选择“接线错误”“转电量退补”后提交工单；

（4）如存在窃电情况，则选择“窃电”“转电量退补”后提交工单。

接线错误　　窃电

7.6 回路串接半导体

◎ **异常定义**：电流互感器二次侧使用半导体元件或专变用户一次侧全部整流使用。

◎ **处理步骤**：

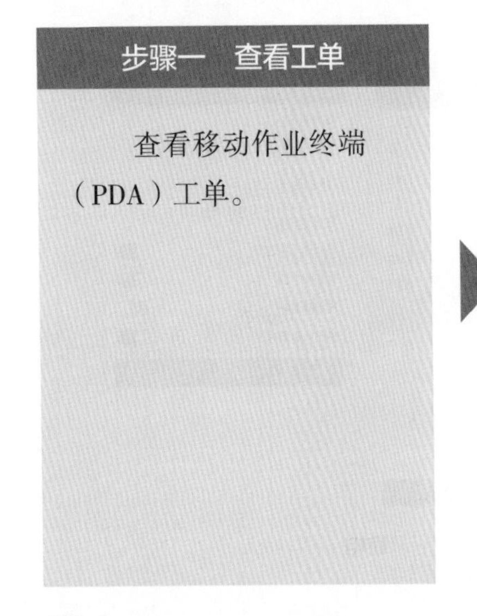

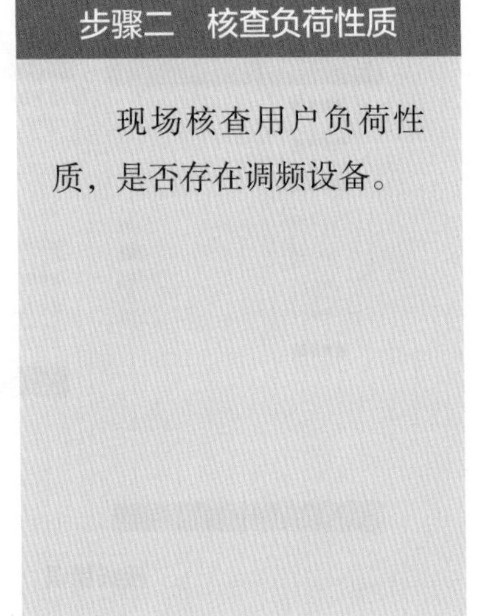

步骤三　启封及检查

（1）检查计量装置封印是否完好，如封印被破坏，现场拍照取证；

（2）注意电能表外壳及端子是否存在过热引起的变色、变形，发现上述情况结合测试结果，判断电能表是否因过载损坏；

（3）同时测量电流互感器一、二次侧电流，判断比值是否符合变比值，如不一致，则二次回路可能存在串接半导体元件，需停电检查接线情况；

（4）如接线故障则拍照取证后恢复正确接线，按照退补规则进行退补；

（5）如发现用户窃电，则拍照固定证据后通知查窃人员到场处理，期间不得离开现场。

测量一次电流

步骤四　工单反馈

移动作业终端内根据检测结果进行反馈：

（1）电能表计量正常、接线正确，则选择“误报”后提交工单；

（2）电能表计量故障，则选择“表计故障”“转设备更换”后提交工单；

表计正常

表计故障

步骤四　工单反馈

（3）接线错误，则选择“接线错误”“转电量退补”后提交工单；

（4）如存在窃电情况，则选择“窃电”“转电量退补”后提交工单。

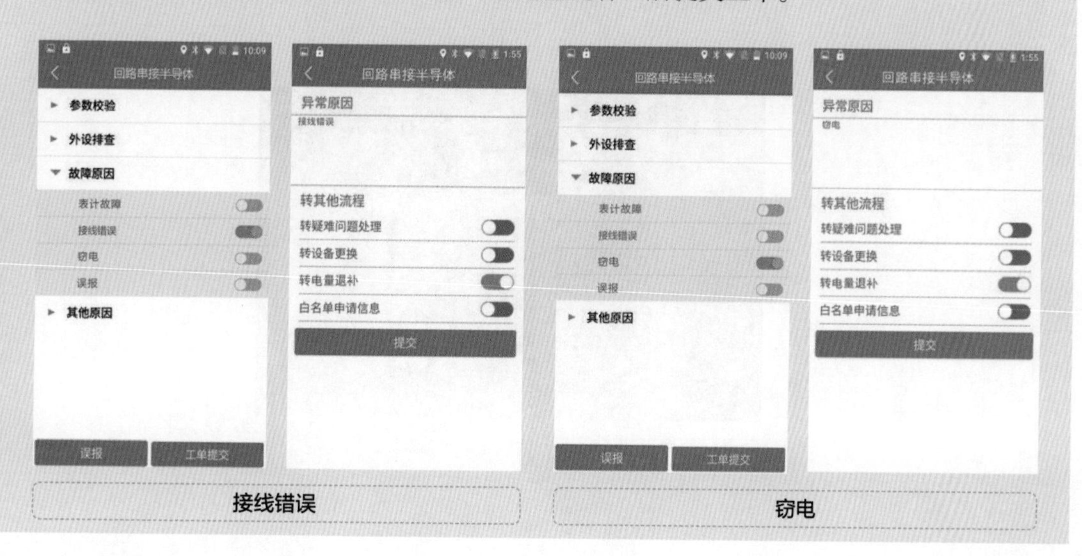

接线错误　　窃电

7.7 磁场异常

◎ **异常定义：** 计量表计附近磁场强度明显过高。

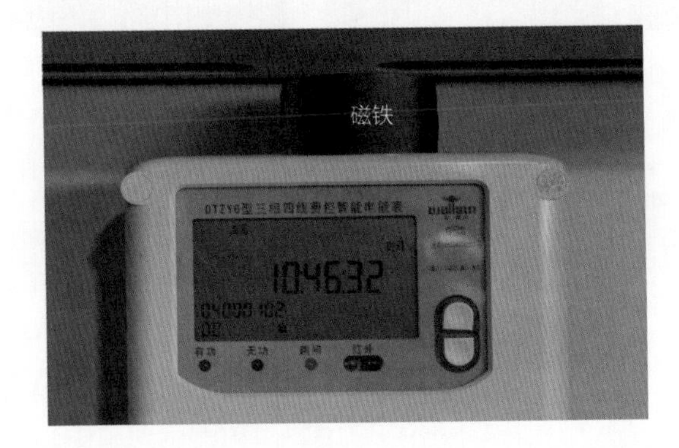

◎ 处理步骤：

步骤一　查看工单

查看移动作业终端（PDA）工单。

步骤二　启封及检查

（1）检查计量装置封印是否完好，如封印被破坏，现场拍照取证；

（2）现场环境检查：检查靠近电能表安装位置是否有强磁场用电设备或生产设备（如充磁设备和大容量变压器、电焊设备等），如有建议调整安装位置；

（3）检查计量柜（箱）内外是否存在强磁设备干扰电能表正常运行，如存在异常则拍照固定证据后，通知查窃人员到场处理，期间不得离开现场。

步骤三　工单反馈

移动作业终端内根据检测结果进行反馈：

（1）电能表计量正常、接线正确，则选择“误报”后提交工单；

（2）去现场存在强磁干扰窃电，则选择“窃电”“转电量退补”后提交工单。

表计正常

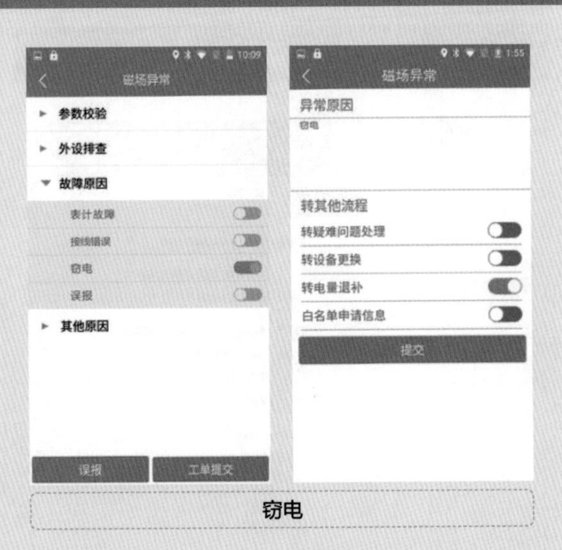

窃电

（三）工作结束

1. 清理现场

计量异常处理工作完成后，工作人员应清理现场，并将客户原有设施恢复原状。

2. 办理工作票终结手续

现场工作结束后，由工作负责人办理工作票终结手续。

三 总结

本节综合介绍采集系统误报、采集设备故障、计量装置故障、供电设备故障、窃电、用户用电性质等各类计量异常通用处理方式，为计量异常现场处理工作人员提供作业参考，旨在提高相关工作人员的业务技能，为用电用户提供全面、专业、优质的服务。

（一）采集系统误报

由于通信原因导致数据召测失败、主站人员业务不熟悉引发误判，可能有部分误报的计量异常派发至现场处理，现场处理人员应严格按照计量异常**处理步骤**进行排查，确认为误报的按照误报反馈并归档。

（二）采集设备故障

现场处理人员进行计量异常排查时如确认为采集设备故障，则在异常原因栏勾选采集设备故障，同时选择转设备更换选项后反馈，采集设备更换后数据恢复正常，异常工单将自动归档。

（三）计量装置故障

1. 电能表故障

现场处理人员进行计量异常排查时如确认为电能表故障，则在异常原因栏勾选电能表故障，同时选择转设备更换选项后反馈，电能表更换后数据恢复正常，异常工单将自动归档。

2. 互感器故障

现场处理人员进行计量异常排查时如确认为互感器故障，则在异常原因栏勾选互感器故障，同时选择转设备更换选项后反馈，互感器更换后数据恢复正常，异常工单将自动归档。

3. 二次回路故障

现场处理人员进行计量异常排查时若确认异常情况为二次回路故障，应仔细分析原因并进行处理：如将错接线进行改正，检查排除烧毁、断线、接触不良故障后恢复接线等。

（四）供电设备故障

现场处理人员进行计量异常排查时如确认为供电设备故障的，高压侧跌落式熔断器熔丝熔断的更换熔丝，低压 RTO 熔断器熔断的更换相应的熔断体，严禁使用其他材料代替。

电压互感器高压侧保护熔断器熔断的更换相应的熔丝。

（五）存在窃电嫌疑

现场处理人员进行计量异常排查时如确认用户窃电（或发现用户存在窃电嫌疑）的，应立即停止工作，拍照固定证据，通知相关单位查窃人员到场处理，期间不得离开现场。

（六）用户用电性质

现场处理人员进行计量异常排查时如确认用户用电性质引起的，应要求用户根据实际情况调整：

- 电容补偿装置未投运、故障或过补偿的，要求用户进行维修并投运，建议用户安装自动投切装置。
- 用户三相负荷不平衡引起的，建议用户调整各相负荷。
- 用户负荷过大引起的，按照用电营业规则进行处理并要求用户降低负荷运行或办理增容。
- 因用户跨相负荷引起的，如存在多个设备建议用户调整接线方式，三相均衡接入。
- 如用户对电压质量要求较高，建议用户安装有载调压变压器。

Part 4

》应急篇

应急篇用于支持采集异常、计量异常现场处理人员作业过程中遇到的突发事件处理，旨在提高相关工作人员现场响应速度和应急能力，保障其在紧急情形下的服务质量与人身安全，最大限度减轻现场突发事件带来的影响与危害。

本篇列举了5类典型场景，并详述了应急处理措施，为采集异常、计量异常现场处理人员应对突发情况与紧急事件提供参考依据。

一 人为破坏计量设备事件的应对处理

人为破坏计量设备事件的应对处理

- 采集运维人员在处理采集异常、计量异常时，发现计量设备被人为破坏时，应立即停止作业，第一时间上报相关部门，保护现场并拍照或录像留证，等候相关人员到现场处理。

二 客户怀疑采集异常、计量异常影响电费准确性的应对处理

客户怀疑采集异常、计量异常影响电费准确性的应对处理

- 客户提出疑虑时，应进行分析判断，通过查询营销系统、采集系统对客户电量电费进行查询分析，判断采集异常、计量异常是否造成客户电费差错。
- 若没有差错，则耐心向客户解释。
- 若造成差错，则真诚向客户赔礼道歉，答复客户会尽快给出合理解决方案。

三 极端天气紧急应对处理

（一）高温天气应对

- 作业时应严格规范穿戴劳保用品安全着装，长袖工作服的袖子不能挽起。
- 合理安排工作，调整工作时间，尽量避开高温时段。
- 外出作业时应配备足够的防暑降温药品和急救设施。
- 大量出汗后，及时补充水分，尤其是高温作业，一定要保证充足的饮水。
- 注意中暑先兆症状；在高温下活动一段时间后，产生轻度头痛、头晕、耳鸣、眼花、恶心、无力、口渴及大量出汗等症状时，要及时离开高温环境，到阴凉、通风的地方休息；如中暑情况严重，应立即送医院治疗。

（二）雨雪冰冻天气应对

- 工作人员应严格规范穿戴劳保用品安全着装，做好防寒保暖措施，防止冻伤，避免身体被冻僵影响作业。
- 在冰雪路面行走应该小心慢行，注意脚下，禁止跑行；注意路边的大树，防止树枝承受不住积雪断裂，如听到有异响，应尽快远离。
- 高处作业使用梯子时，应加强防滑措施，并有专人扶持。

- 雨雪天气应注意观察计量箱、采集设备箱等设施是否存在漏水等隐患，防止发生短路等事故。
- 雨雪天行车应做好防滑措施，低速平稳驾驶，切忌急打方向，急踩刹车。

四 现场急救处理方法

（一）心肺复苏

现场心肺复苏术主要分为3个步骤：打开气道，人工呼吸和胸外心脏按压。一般称为ABC步骤。如下图所示。

步骤A：意识判断和打开气道

（1）意识判断——发现患者时，首先必须判断其是否失去知觉。

（2）打开气道——患者心跳呼吸停止、意识丧失后，全身肌肉松弛，口腔内的舌肌也松弛，舌根后坠而堵塞呼吸道，造成呼吸阻塞；因此，在进行口对口吹气前，必须打开气道，保持气道通畅。

打开气道的方法——仰头抬颔法

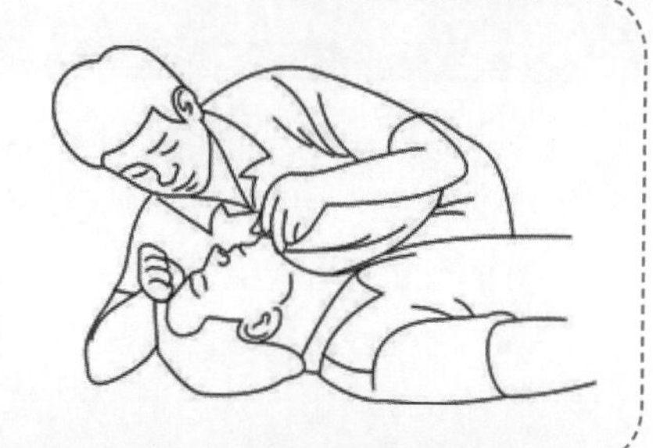

操作者站或跪在患者一侧，一手置患者前额上稍用力后压，另一手用食指置于患者下颌下沿处，将颔部向上向前抬起，使患者的口腔、咽喉轴呈直线。再通过看（胸廓有无起伏）、听（有无气流呼出的声音）、感觉（面部感觉有无气流呼出）3种方法检查出患者是否有自主呼吸。如无呼吸应该立即进行口对口吹气。

步骤B：人工呼吸

口对口吹气是向患者提供空气的有效方法。

- 操作者置于患者前额的手在不移动的情况下，用拇指和食指捏紧患者的鼻孔，以免吹入的气体外溢。
- 深吸一口气，尽力张嘴并紧贴患者的嘴，形成不透气的密封状态。
- 以中等力量、1.0~1.5s/次的速度向患者口中吹入约为800ml的空气，吹至患者胸廓上升。
- 吹气后操作者即抬头侧离一边，捏鼻的手同时松开，以利于患者呼气。
- 如此以12次/min的频率反复进行，直到患者有自主呼吸为止。

步骤 C：人工循环

人工循环是通过胸外心脏按压形成胸腔内外压差，维持血液循环动力，并将人工呼吸后带有氧气的血液供给脑部及心脏以维持生命。具体方法如下。

（1）判断患者有无脉搏。

- 操作者跪于患者一侧，一手置于患者前额使头部保持后仰位，另一手以食指和中指尖置于喉结上，然后滑向颈肌（胸锐乳突肌）旁的凹陷处，触摸颈动脉，按压观察颈动脉5~10s。如果没有搏动，表示心脏已经停止跳动，应立即进行胸外心脏按压。

（2）胸外心脏按压。

- 第一步：确定正确的胸外心脏按压位置。先找到肋弓下缘，用一只手的食指和中指沿肋骨下缘向上摸至两侧肋缘于胸骨连接处的切痕迹，以食指和中指放于该切迹上，将另一只手的掌根部放于横指旁，再将第一只手叠放在另一只手的手背上，两手手指交叉扣起，手指离开胸壁。
- 第二步：施行按压。操作者前倾上身，双肩位于患者胸部上方正中位置，双臂与患者的胸骨垂直，利用上半身的体重和肩臂力量，垂直向下按压胸骨，使胸骨下陷 4~5cm，按压和放松的力量和时间必须均匀、有规律，不能猛压、猛松。放松时掌根不要离开按压处。按压的频率为 80~100 次 /min，按压与人工呼吸的次数比率为单人复苏 15：2，双人复苏 5：1。

（二）触电急救

首先切断电源。无法切断电源时，可以用木棒、木板等快速将电线挑离触电者身体。救援者最好戴上橡皮手套，穿橡胶鞋等。千万不要用手去拉触电者，以防连锁触电。

- 如果触电人员神志清醒、呼吸心跳均正常，应将其抬到平坦的地方静卧，严密观察，暂时不要让其站立或走动，防止引发休克或心力衰竭。
- 如果触电人员呼吸停止而脉搏存在，应使其就地平卧，松解衣扣，打开气道，立即进行口对口人工呼吸。
- 如果触电人员心搏停止而呼吸存在，应立即做人工胸外按压。
- 如果触电人员呼吸心跳均停止，应立即进行心肺复苏，以建立呼吸循环、恢复全身器官的氧供应。

在抢救过程中，不要随意移动伤员。送医院抢救的途中，注意保暖，严密观察触电人的呼吸、心跳、血压等。在医务人员未接替前不能停止急救。

如果出现灼伤或起泡的情况，应保护好其表面。灼伤的范围一般很小，但症状却都很严重，因此，要用干净布料覆盖伤处包扎，防止伤口污染。